0歳からシニアまで

ダックスフンドとのしあわせな暮らし方

Wan編集部 編

はじめに

胴長&短足の代表格、つぶらな瞳と風になびく被毛がチャームポイントの犬種といえば、ダックスフンドです。その愛らしい仕草と表情で多くの人を魅了し、今日に至るまで日本はもちろん世界各地で世代を超えて愛されてきました。

この本の特徴は、「0歳からシニアまで」ダックスフンドの一生をカバーしたものであるということ。飼育書でよくある「これからダックスフンドを飼いたい」と思っている人向け、子犬向けの情報だけにとどまらない内容となっています。もちろん、子犬の迎え方や育て方もたっぷり盛り込んでいるので、ダックスフンドの初心者さんにもばっちりお役立ち。それにプラスして、成犬になってから役立つトレーニングや遊び方、保護犬の迎え方、お手入れ、マッサージ、病気のあれこれに、避けては通れないシニア期のケアをご紹介しています。

ダックスフンドを長く飼っているベテランさんにも、飼い始めて間もない人にも、そしてこれから飼おうかと考えている人にも、ダックスフンドを愛するすべての人に読んでほしい……。そんな願いを込めて、愛犬雑誌『Ｗａｎ』編集部が制作した一冊です。

飼い主さんとダックスフンドたちが、〝しあわせな暮らし〟を送るお手伝いができれば、これに勝る喜びはありません。

『Ｗａｎ』編集部

２０２４年８月

もくじ

PART 2 ダックスフンドの迎え方

PART 3 ダックスフンドのトレーニングと遊び方

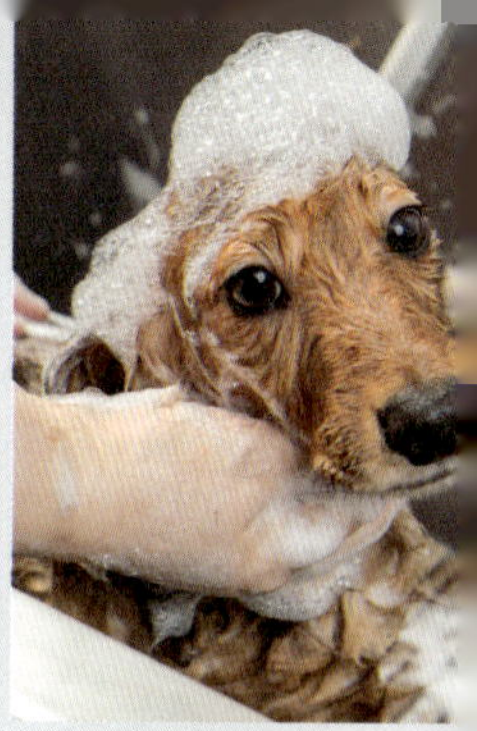

PART 4 ダックスフンドのお手入れとマッサージ

PART 5 ダックスフンドのかかりやすい病気&栄養・食事

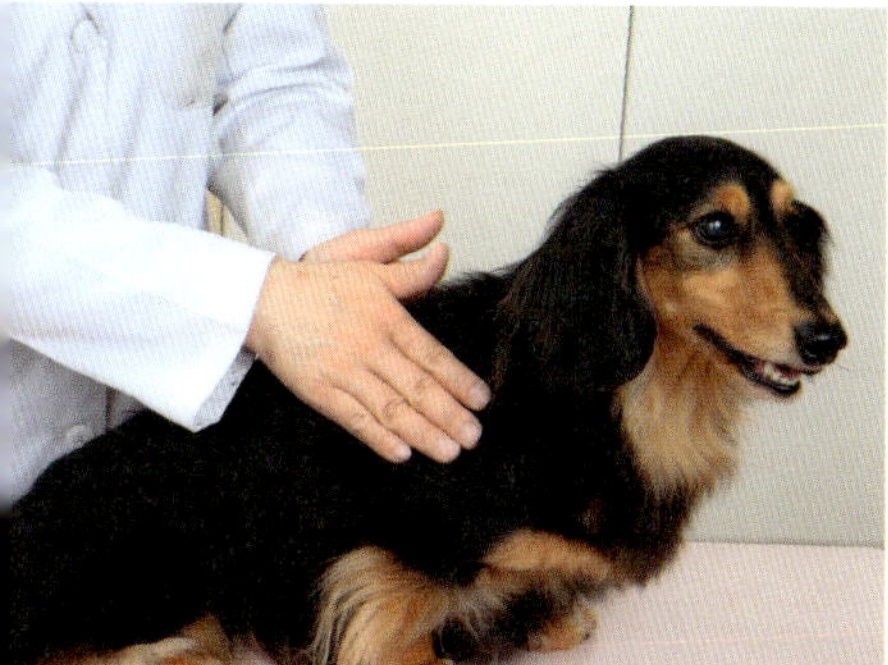

シニア期のケア

PART 6

※本書は、『Wan』で撮影した写真を主に使用し、掲載記事に加筆・修正して内容を再構成しております。

Part 1
ダックスフンドの基礎知識

ダックスは日本でも根強い人気を誇る犬種ですが、
まだ知られていないこともたくさんあります。
まずはダックスという犬種について学びましょう。

ダックスの歴史

**日本だけでなく、世界じゅうで高い人気を誇るダックス。
まずはダックス好きなら知っておきたい、
犬種の歴史や成り立ちを紹介します。**

古代エジプトにさかのぼる？

「ダックスフンド」の「ダックス（Ｄａｃｈｓ）」とはアナグマ、「フンド（ｈｕｎｄ）」とは犬を指す言葉で、直訳すると「アナグマ犬」ということになります。原産国のドイツでは「テッケル（ｔｅｃｋｅｌ）」または「ダッケル（ｄａｃｋｅｌ）」とも呼ばれ、中世の時代から知られてきた犬種です。紀元前２２００年ごろの古代エジプト王の像に胴の長い犬が彫刻されており、その横に「テカル（ｔｅｋａｌ）」と彫り込まれていることから、そのような古代に存在していた犬だという説もありますが、詳しいことはわかっていません。

ただ、中世にはドイツやオーストリアでアナグマや小型害獣の狩りに使われていたことは確かで、その時代の狩猟に関する書物には「ハウンドの追跡能力とテリアの素質を有する犬」と記されていました。狩猟における働きや役割は、イギリスのテリアとほぼ同じだったようです。アナグマの潜む巣穴に侵入しなければならないため、脚は短いほうが好都合。目は木や草で傷つけにくいよう小さく、噛みつくためにあごは力強く、歯は頑丈で吠える声は（体に似合わず）かなり大きいほうが猟犬としては優れていたようです。

アナグマは体重15kg前後の大きな獲物なので、それと渡り合うにはダックスフンドもそれ相応の大きさでなくてはなりません。ということで、まずはスタンダードサイズのダックスフンドが生まれたと思われます。その後、アナグマだけでなく、やや小さいキツネやさらに小型のウサギ、テンなどの狩りにも使われるようになったため、ミニチユアやカニーンヘン（ラビット）など小さいサイズのダックスフンドが作出されました。

現在、ダックスフンドの毛質は、短毛の「スムースヘアード」、やや長めの「ロングヘアード」、針金状の硬い「ワイアーヘアード」の3種です。歴史的にはスムースが最も古く、その後、ロング→ワイアーという順番で登場しました。ロングは数種のスパニエルを交配して作り出され、長い被毛で水か皮膚に直接ふれるのを防ぐので水中作業に向いていました（泳いで逃げる手負いの鹿の追跡にも使われたため）。一方、ワイアーはテリアとの交雑によって硬い被毛を獲得し、イバラや植物のとげから身を守るのに非常に役立ったということです。

かわいいだけの愛玩犬ではない

ダックスフンドは、ドイツや東欧、北欧などでは今でも現役の狩猟犬として活躍していますが、イギリスやアメリカでは猟犬として使われることはあまりなく、もっぱら愛玩犬として飼われているようです。当然ながら日本でも同じ状況で、とくに小さい犬が好まれることもあってほとんどがミニチュアやカニーンヘンとなっています。

とはいえ、もともとダックスフンドは非常に活動的な犬なので、十分な運動を必要とします。手ごろなサイズとかわいらしい外見から誤解されがちですが、テリアやシュナウザーと変わらないくらい、しっかりと体を動かす機会を与えてあげるとよいでしょう。そうすれば、すばらしい家庭犬として都会でも問題なく飼うことができるはずです。

ダックスの毛色

ダックスフンドにはいろいろな毛色が存在しています。

ダップル（マール）	ブリンドル
地色はつねに濃い（ブラックまたはブラウン）。不規則なグレーまたはベージュの小斑が望ましい	レッドの地色にダークなブリンドル（濃い縞）がある
毛色は単色、マルチ・カラーと同様。地色はつねに濃い（ワイルド・ボア、ブラックまたはブラウン）	スムース・ヘアーと同様
スムース・ヘアーと同様	スムース・ヘアー、ワイアー・ヘアーと同様

	単色	2色／マルチ・カラー
スムース・ヘアー	レッド。散在した黒い毛は許容されるが、混じりけのない濃い毛色が望ましい	**2色** 濃いブラックまたはブラウン。それぞれにタンの斑があり、目の上、マズル、下唇の側面などに見られる
ワイアー・ヘアー	スムース・ヘアーと同様	**マルチ・カラー** ワイルド・ボア（イノシシ色)、ブラウン・ワイルド・ボア、ブラック・アンド・タン、ブラウン・アンド・タン。タンの斑は目の上、マズル、下唇の側面などに見られる
ロング・ヘアー	レッドかセーブル、フォーン、ブラック＆タンの単色	**2色** スムース・ヘアーと同様

ダックスの理想の姿

ダックスの理想型を示す犬種標準(スタンダード)を紹介します。
ドッグショーではスタンダードをもとに審査が行われます。

比率

・地面から胸底までの距離は、体高の約1/3

・体長:体高=約1.7〜1.8:1

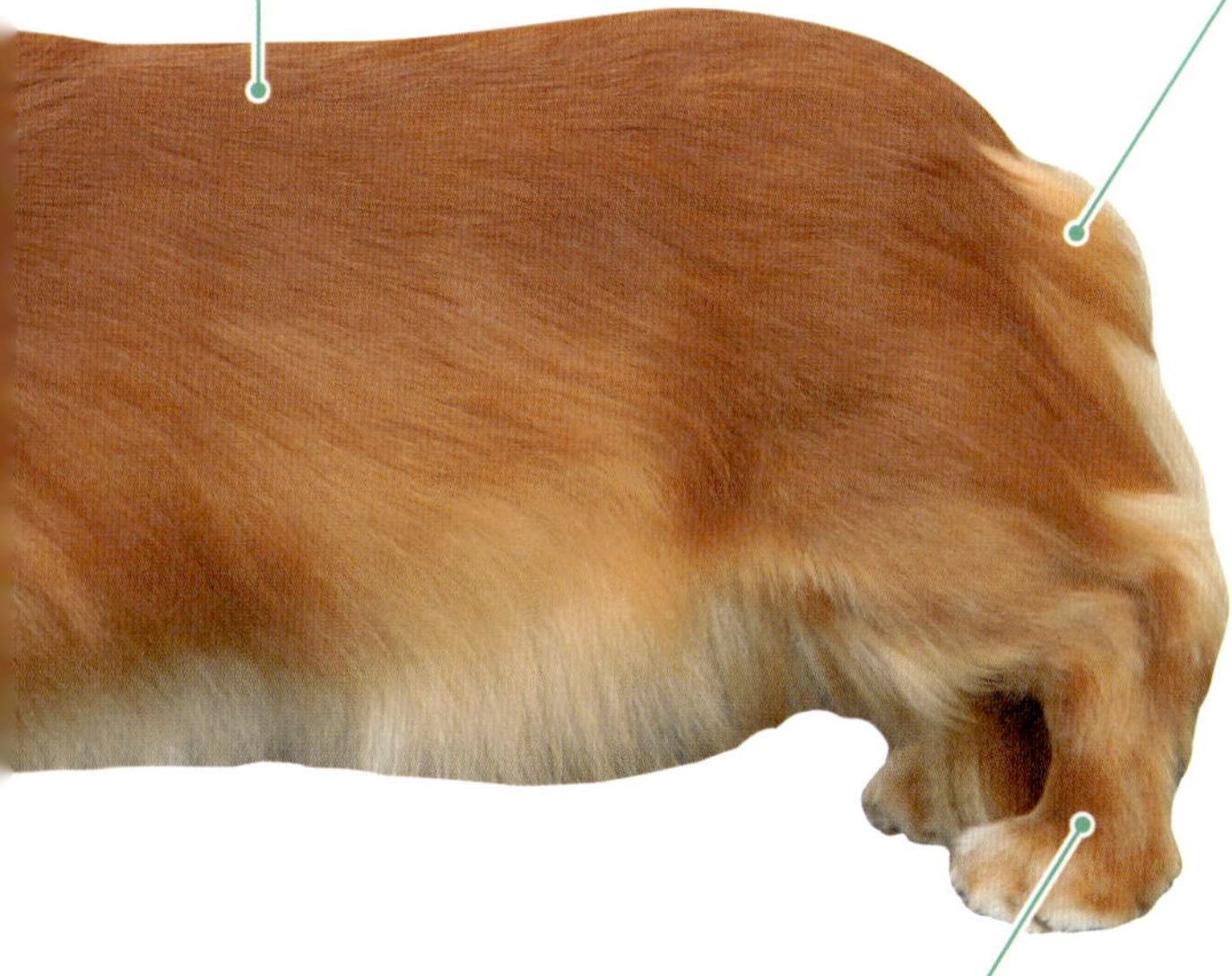

背
胸椎から後方にかけてまっすぐに伸びているか、わずかに傾斜している。
尾
尾付きは高すぎず、トップライン(背)の延長線上に保持する。
後肢
膝と飛節の角度はしっかりしており、左右は平行。

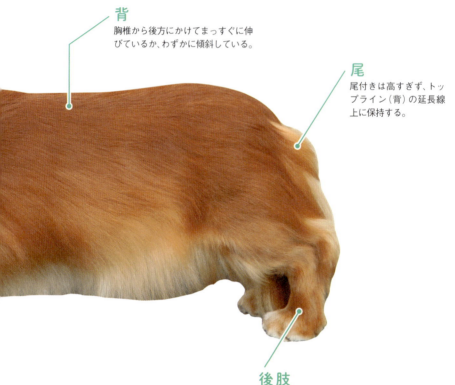

頭部

上や横から見たときに細長い。鼻端に向かって均一に先細りになるが、とがらない。

耳

高い位置に付き、前方に向きすぎない。極端に長くはなく、前縁は頬に接して動きやすい。

目

中くらいの大きさでアーモンド型。すべての毛色で目は輝き、濃い赤みがかったブラウンから黒みがかったブラウンまである。

口吻（マズル）

長く、幅広く、力強い。目から下ろした垂直線上で口を大きく開けることができる。

胸

肋骨が発達して突き出ているため、両側がわずかにくぼんでいるように見える。胸郭は広々としており、心臓や肺が発達するのに十分な空間がある。

前肢

頑丈な骨を持ち、真っ直ぐである。

サイズと毛質

ダックスフンドには、3サイズ×3毛質で
合計9バラエティーが存在します。

ミニチュア

スムースヘアード・
ミニチュア・ダックスフンド

ワイアーヘアード・
ミニチュア・ダックスフンド

ロングヘアード・
ミニチュア・ダックスフンド

オス32cm超〜37cm以下
メス30cm超〜35cm以下

カニーンヘン

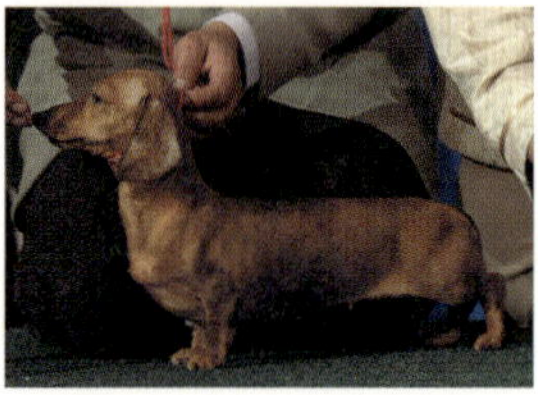

スムースヘアード・
カニーンヘン・ダックスフンド

ワイアーヘアード・
カニーンヘン・ダックスフンド

ロングヘアード・
カニーンヘン・ダックスフンド

オス27cm〜32cm以下
メス25cm〜30cm以下

	スタンダード
スムースヘアード	 スムースヘアード・ダックスフンド
ワイアーヘアード	 ワイアーヘアード・ダックスフンド
ロングヘアード	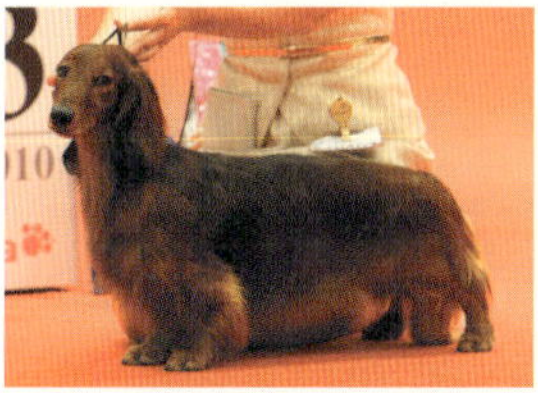 ロングヘアード・ダックスフンド
胸囲※	**オス37cm超～47cm以下** **メス35cm超～45cm以下**

※生後15か月で測定したときの胸囲。

グループ分けについて

犬種登録団体では各犬種を10程度のグループに分けていますが、ダックスフンドは少々変わった分け方をされているようです。

　世界の約１００か国には、純粋犬種を守るために犬種登録団体（ケネルクラブ）があります。有名なところでは、世界で初めて創設されたイギリスのケネルクラブ（ＫＣ）、最も大きな組織を誇るアメリカンケネルクラブ（ＡＫＣ）、政府の管理下にあるカナディアンケネルクラブ（ＣＫＣ）が挙げられます。これら以外は、国際畜犬連盟（ＦＣＩ）という国際的な組織に加盟しており、当然ながらグループ分類も異なります。ＫＣは約２００の公認犬種を７つのグループに分けていて、ＡＫＣやＣＫＣもこれに準じています。ＦＣＩは公認犬種が３４７種と多いため、全体を左の表のような10グループに分類しており、ジャパンケネルクラブ（ＪＫＣ）のドッグショーもすべてこれにのっとって行われているのです。

　さて、ここで何かに気づきませんか？　ほとんどのグループが複数の犬種で構成されているのに、４グループだけが単犬種（ダックスフンドのみ）となっています。３グループの「テリア」は30犬種以上、10グループの「サイトハウンド」もボルゾイなど10犬種が属しているのです。ダックスフンドは単犬種でも９バラエティーが存在するから、といっても何となくアンバランスな感じがしますよね。これには意外な事情が隠されています。

　１９７０年代のこと、ＦＣＩでは犬種のグループを増やそうと分け方を見直していました。当時の事務局長はベルギー人で、ダックスフンドのブリーディングなどを手がけた専門家だったそうです。彼が「ダックスフンドを１グループで独立させるべき」という意見だったため、現在のような形になったとか。ダックス好きが高じたえこひいきのようにも見えますが、本当の話です。

　ちなみにダックスフンドはＫＣでは「ハウンド・グループ」、ＡＫＣでは「ハウンド・バラエティー」に分類され、ビーグルなどの猟犬と同じグループだということです。

FCIにおける犬種グループ

1st Group	シープドッグ＆キャトル・ドッグ
2nd Group	ピンシャー＆シュナウザー、モロシアン犬種ほか
3rd Group	テリア
4th Group	ダックスフンド
5th Group	スピッツ＆プリミティブ・タイプ
6th Group	セントハウンド＆関連犬種
7th Group	ポインティング・ドッグ
8th Group	レトリーバー、フラッシング・ドッグ、ウォーター・ドッグ
9th Group	コンパニオン・ドッグ＆トイ・ドッグ
10th Group	サイトハウンド

ダックスコラム 1

迎えるなら成犬？　子犬？

「犬を飼うなら子犬から」という考えがまだまだ一般的ですが、
最近は保護犬などで成犬やシニア犬を
迎える動きも出てきています。

保護犬の里親探しでネックになりがちなのは、犬の年齢。成犬やシニア犬は、「子犬のほうがすぐ慣れてくれて、しつけもしやすそう」という里親希望者に敬遠されることが多いようです。

実際は、成犬やシニア犬が子犬と比べて飼いにくいということはありません。むしろ「成長後はどうなるのか」という不確定要素が少ないぶん、迎える前にイメージしやすいというメリットがあります。とくに保護犬は里親を募集するまで第三者が預かっているため、その犬の性格や健康上の注意点、くせ、好きなことと嫌いなこと（得意なことと不得意なこと）などを事前に教えてもらえるケースがほとんど。里親はそれに応じて心がまえと準備ができるので、スムーズに迎えることができるのです。

もちろん、健康トラブルを抱えた犬や体が衰えてきたシニア犬の場合は治療やケア（介護）が必要になりますし、手間やお金のかかることもあるでしょう。しかし、子犬や若く健康な犬でも突然病気になる可能性があります。老化はどんな犬でも直面する問題。保護団体（行政機関）の担当者や獣医師と相談して、適切なケアを行いながら一緒に過ごす楽しみを見つけましょう。

犬と一緒に暮らすとなると、どの年代でもその犬ならではの難しさと魅力があるものです。選択の幅を広く持ったほうが、“運命の相手”と出会える確率が上がるのではないでしょうか。

成犬は性格や好き嫌いが十分わかっていることが多いので、家族のライフスタイルや先住犬との相性など、総合的に判断できるというメリットがあります。

Part 2
ダックスフンドの迎え方

いよいよ「ダックスを迎えたい！」と思ったら……。
迎える準備、接し方などをチェックしましょう。

Miniature Dachshund's Puppies

好奇心旺盛な、ぽてぽて動き回るパピーたち。
いっぱい遊んで、ぐっすり眠って……。
また明日も楽しいことが待ってるね！

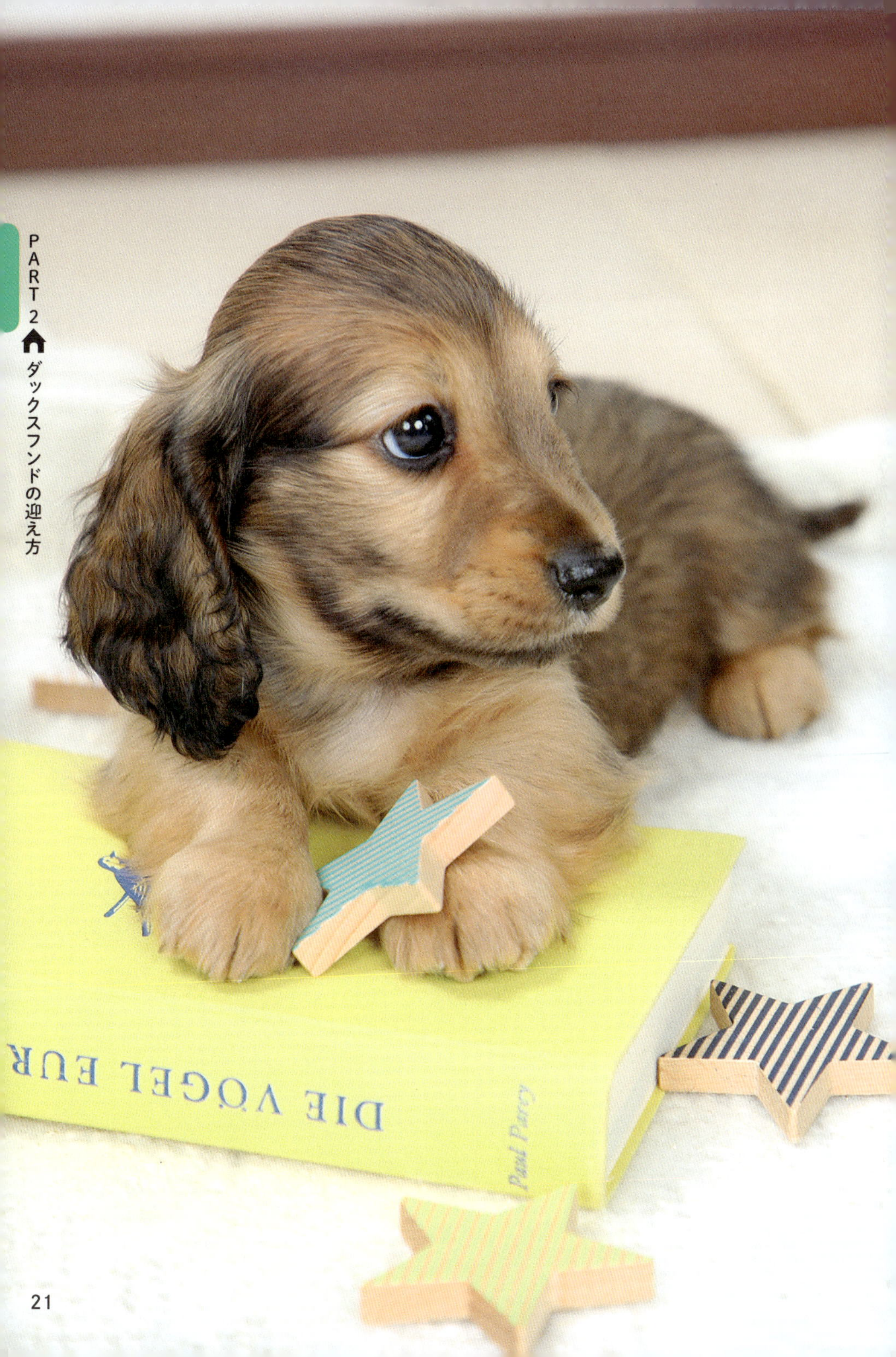
DIE VOGEL EUR
Paul Parry

DIE VÖGEL EUROPAS

ダックスの迎え方

まずは「子犬から迎える」ケースをモデルに、
ポイントを確認します。

子犬を迎える前に

どこから迎えるのか、
どんな子を選べばいいのかを
考えてみましょう。

子犬を迎える先は？

子犬を迎えるには、まずペットショップやブリーダーが候補に挙がるでしょう。とくに初めて犬を飼う、もしくは「犬と生活したことはあるけどダックスは初めて」というビギナーさんは、犬種のエキスパートであるブリーダーから迎えたほうが安心です。無駄吠えなどの問題行動や病気が心配な人も多いと思いますが、そういう不安を取りのぞくためには、心身ともに健康な子犬を迎えることが重要です。可能なら犬舎を見学し、犬たちがどんな環境で暮らしているのかを見てみてください。そのときに遺伝性の疾患など気になることは何でも聞いてみて、納得できるところから迎えるのがベストです。

“運命の1頭”と出会うために

犬にも個性があり、好きなものや苦手なもの、気質はまさに十“犬”十色。飼い主さんの性格やライフスタイルとぴったり合う犬を迎えることが、お互いのしあわせな暮らしに直結すると考えてください。そのためには、まず自己分析をすることが重要。犬舎やペットショップを訪れる前に、次のことを考えてみてほしいと思います。

- ダックスを迎える目的
- 自身の現在のライフスタイル
- ダックスとどんな生活がしたいか

とくに「なぜダックスを飼いたいのか？」を自分自身に問いかけてみてください。もし「家族が希望しているから」など、自分の気持ち以外のところに理由があるなら、一度考え直す必要があると思います。ご自身が乗り気でないのなら、いつかあなたと犬の両方がつらい思いをするかもしれません。

たとえば、「子どもが欲しがるから」と言う親御さんはたくさんいますが、多くの場合、愛犬の世話をするのはお子さんではなくお母さんになるものです。それに家族全員が望んで迎えないと、一緒に暮らすなかで誰かが負担に感じる日が来るかもしれません。犬もそれを敏感に感じ取り、結果としてお互いが不幸になる可能性もあるのです。

愛犬は10年以上をともに歩む大切な存在。衝動的に飼い始めるのではなく、じっくり考えることが重要です。

子犬にとって良い環境とは

子犬にとっておうちは未知の世界。心地良い空間を作りお迎えしましょう。

準備しておくもの

ダックスを迎えることが決まったら、子犬が家に来るまでに次のものをそろえておきましょう。

- ケージ（サークル）
- クレート
- 食器類
- オモチャ
- フード（犬舎やショップで食べていたもの）
- リード
- トイレ用品　など

フードは、それまで食べていたものから急に変えるとお腹を壊すこともあります。最初は犬舎やショップで食べていたフードを用意して、変えたいときは新しいフードを少しずつ混ぜて徐々に切り替えるようにしてください。

また、その犬が使っていたタオルなどがもらえるようなら、子犬を引き取るときに持って帰りましょう。

飼い主さんの自宅は子犬にとっては未知の場所。慣れ親しんだニオイのするものがあれば、落ち着けるはずです。

犬との生活をシミュレーションしよう

生活環境を整えながら、実際に子犬が家に来たときにどんな暮らしをするかをシミュレーションすることも大切です。たとえば、ケージやクレートはどこに置くか、食事はどこで与えるのか、寝室に愛犬用のスペースを作るのか、一緒に寝るのかといったことを事前に考えながら、必要なものを用意しましょう。

ブリーダーから迎える場合は、その犬が生まれてからこれまでどんな生活をしてきたか質問してみるといいと思います。生活習慣や性格、好きなことや苦手なことなどを知っておくと、よりその犬に合ったシミュレーションができるでしょう。親犬の性格も参考になるので、ぜひ聞いてみてください。

新しい環境に慣れさせる

子犬が家にやって来たら、かわいくて思わずかまいたくなりますよね。でも、ちょっと待ってください。犬にとっては何もかも新しい環境で、その変化に戸惑っている状況です。そんななかで飼い主さんからグイグイこられたら、犬はかなりのストレスを感じてしまいます。2~3日はケージの中でそっとしておき、周りの様子をじっくり観察できるようにしてあげてください。

犬が「ここが新しい家なんだ」と理解して受け入れたら、自然と周りのものや飼い主さんに興味を示すので、部屋の中を歩き回らせたり短時間遊んだりすることから始めましょう。

こちらは生後3週間のちびっ子たち。マイペースな子から好奇心旺盛な子まで、すでに個性を発揮しています。

しあわせな一生の基盤を作る

愛犬がしあわせに暮らせるかどうかは、飼い主さんの接し方がカギを握ります。

生きていく世界を見せる

子犬の時期にどれだけ多くのものとふれ合うかが、その後の生活に大きく影響します。無理に不特定多数の人や犬と接する必要はありませんが、子犬が周囲の情報をキャッチできる状況を作ってあげることが必要です。

たとえば、ケージはリビングの一角など家族がいつも過ごす場所に設置するのがおすすめ。人間の子どもが家族の会話や行動から言葉と知識を身に着けていくように、犬も飼い主さんのふだんの言動から多くを学ぶものなのです。人が話す声や生活音がいつも聞こえるようなところにいるだけでも、子犬にとっては勉強になるはず。お散歩デビューのときも、最初は抱っこしてお散歩コースを歩き、周囲の様子を見せてあげるといいかもしれません。子犬のうちに「外の世界は危険な場所ではない」と教えておけば、怖がりな子に育つ可能性がかなり低くなります。

「愛のあるしつけ」をする

しつけは、愛犬を「いつどんなときも、誰からも愛される子」に育てるために必要なことです。

覚えておきたいのは、「怒る」と「しかる」は違うということ。前者は感情的に犬を責めること、後者は愛しているからこそする行為と考えてください。しかるときは「大きく短く」が基本。してはいけないことをしたら、その場できっぱり「ノー!」と言います。ポイントはすぐにしかることと、長々としかり続けないこと。犬は時間が経ってからしかられても、何がいけなかったのか理解できません。また、しかるときはしゃがんで犬の目線に近づくことを心がけてください。ダックスは体高が低いぶん、飼い主さんが立ったまま上から言葉をぶつけると余計に恐怖を感じます。

反対に、ほめるときは大げさに。声をワントーン高くし、身ぶり手ぶり(ボディランゲージ)で「良いことをした」としっかりほめてください。メリハリのある態度で、良いことと ダメなことをわかりやすく伝えましょう。

保護犬を迎える

**保護団体や行政機関で保護された犬を迎えるのも、選択肢のひとつ。
その注意点と具体的な迎え方を紹介します。**

保護犬について知る

保護犬の特徴と気をつけたい点を確認します。

　保護犬とは一般的に、何らかの事情で元の飼い主と離れて動物保護団体(民間ボランティア)や動物愛護センター（行政機関）に保護された犬を指します。保護犬には、健康上のトラブルを抱えていたり、警戒心が強い犬もいます。そのため、一度新しい飼い主（里親）が見つかってもうまくいかず、なかには保護団体に戻ってくるケースもあるようです。

　そのようなミスマッチを防ぐためにも、各団体で定めているガイドラインに沿って慎重に里親希望者との話し合いを進めています。多くの団体では、事前に、里親希望者のライフスタイルや保護犬を飼う態勢についてヒアリング。その結果、飼育が難しいと判断したときは断ったり、当初の希望と別の犬をすすめることもあります。また、病気のケアやシニア期の介護ができるかどうかも重要です。

　里親希望者には、保護犬の健康状態を伝えた上で、今後トラブルがある可能性についても説明。その後、譲渡へ進みます。保護犬に限らず、犬を飼うということは何が起こるかわからないためです。「5年後10年後まで、犬にも飼い主さんにもしあわせに過ごしてほしい」。それが保護活動を行っている団体の多くが持つ思いなのです。

　保護犬との生活で大事なのは、「かわいそう」ではなく「この犬と暮らしたい」と思って迎えること。あまりかまえずに、迎える犬を探すときの選択肢のひとつとして検討してみましょう。

保護犬には成犬が多いので、性質や特徴を子犬より把握しやすいというメリットがあります。

保護犬の迎え方

保護犬を迎えるための
基本の流れを
チェックしましょう。

※各段階の名称や内容は一例です。保護団体や動物愛護センターによって異なりますので、申し込む前に確認しましょう。

申し込み

保護団体や動物愛護センターで公開されている保護犬の情報を確認し、里親希望の申し込みをします。最近は、ホームページを見てメールで連絡するシステムが多いようです。

どこにどの犬種がいるかはタイミング次第なので、まずはダックスのいるところを探しましょう

審査・お見合い

メールなどでのやりとりを通じて飼育条件や経験を共有し、問題がなければ実際に保護犬に会って相性を確かめます。

犬との暮らしは、楽しいことばかりではありません。現実をしっかり見つめた上で、その子を受け入れられるかどうか、とことん考えることが大切。お見合いは、そのための情報収集の機会でもあります。

譲渡会など保護犬とふれ合えるイベントも定期的に開催されているので、その機会にお見合いをするのもおすすめです

契約・正式譲渡

トライアルを経て改めて里親希望者・団体の両方で検討し、迎えることを決めたら正式に譲渡の契約を結んで自宅に迎えます。

トライアルのための環境チェック

保護団体では、トライアル開始前に、飼育環境などのチェックを行います。これは保護犬の安全と健康を守るために大切なこと。とくに初めて犬を飼う人の場合は、気をつけておきたいことがいろいろあります。

チェック例

- [ ] 家の出入りに危険はないか（玄関から直接交通量の多い道に飛び出す可能性がないかなど）
- [ ] 室内の階段やベランダなどの安全対策は十分か（危険なところにはゲートを付けるなど）
- [ ] 散歩の頻度
- [ ] トイレのタイミングと場所
- [ ] 留守番の時間はどのくらいか

など

トライアル

お見合いで相性が良さそうだったら、数日～数週間のあいだ試しに一緒に暮らしてみて、お互いの生活に支障がないかを確認します。期間は保護犬の状態に応じて変わることもあります。

保護犬を迎えるまで

里親希望者が
気をつけたいポイントは
次の通りです。

申し込み

里親の希望を出す前に、犬を飼った経験や飼育条件（生活環境や家族構成など）をまとめておきましょう。必ず担当者から聞かれるはずです。時には経済状況や生活スタイルの細かい点まで質問されることがありますが、里親と保護犬の快適な生活のために必要なことなので、できる限り対応してください。

また、人気のある保護犬だと複数の里親希望者が名乗り出ることがあります。そのときは団体（行政機関）側が希望者の飼育条件を元に最も適した人を選びますが、選ばれなくてもあまり気にせず「ほかにもっとぴったりの犬がいる」と思うようにしましょう。

最初の希望とは別の保護犬をすすめられることもあるかもしれませんが、それは団体や行政側が条件などを考慮した上で「この人（家庭）ならこの犬のほうが良さそう」と判断されたということ。「つねに家に人がいるなら留守番が苦手な犬でも大丈夫なのでは」などの理由があっての提案なので、柔軟に検討を。

保護犬との相性

飼育条件の確認で問題がなければ、対象の保護犬と直接会って相性を見る段階（お見合い）に移ります。その犬を預かって世話をしている預かりボランティア宅を訪問する場合もあれば、保護団体が開催する譲渡会（里親募集中の保護犬とふれ合えるイベント。主に里親探しと保護活動に関する啓発のために行う）で対面を果たす場合もあります。

初対面では保護犬は警戒していることが多く、すぐには近寄って来ないかもしれません。そういうときは無理をせず、犬のほうから近づいてくるのを待ちましょう。また、預かりボランティアや担当のスタッフから、その犬のふだんの過ごし方や病気・ケガの回復状況、飼うときの注意点などを直接聞いてみてください。

memo

先住犬がいるなら、一緒に連れて行って犬同士の相性も確認してみましょう。

保護犬を迎えてから

保護犬ならではの注意点に
配慮して、できることを
少しずつ広げていきましょう。

保護犬との生活

犬は本来、適応力が高く、保護犬でもすぐ新しい環境になじむケースが少なくありません。

しかし保護犬、とくに成犬の場合は、以前に飼われていた家での習慣が身についていることもあります。飼い主は自身の生活スタイルに応じて、愛犬に新しく教えたり、習慣を変えさせたりしなければならないことも。反対に、飼い主側が自分の生活スタイルをある程度愛犬に合わせなければならないこともあります。

ブリーダーやペットショップから迎える場合と同じように、犬の様子を見ながら対応することが大事です。無理のない範囲で少しずつ距離を縮めていきましょう。

新しい環境に置かれた犬はまず、危険がないか周囲を観察します。そのあいだは手を出さず、食事やトイレなど最低限の世話だけして、犬が環境に慣れて自然と寄ってくるまで放っておくようにします。どれくらいの期間で慣れるかは犬によりますが、犬自身のペースに合わせることで信頼関係が生まれます。

もし健康管理やしつけなどで壁にぶつかったら、譲り受けた保護団体や動物愛護センターに相談することも可能です。多くの団体や行政機関では、譲渡後の相談を受け付けています。その保護犬を世話していた担当者やほかの里親さんがアドバイスしてくれるはずなので、協力をあおぎましょう。

保護犬には、複雑な事情を抱えている犬もいます。しあわせにするには、周りの人と協力して犬と向き合うことがカギになります。

Part3

ダックスフンドのトレーニングと遊び方

飼い主さんと愛犬がお互い気持ちよく過ごすため、
トレーニングを行ったり、一緒に楽しく遊んだりして
理想的な関係を築きましょう。

ダックスのためのトレーニング

行動の背景にある犬種の習性を理解して、
お互いがより快適な生活を送れるようにしましょう。

犬種を理解して向き合おう

キュートなルックスが魅力のダックスですが、そもそも愛玩犬ではなく猟犬だったという歴史を持っています。吠えや引っ張りなど、猟犬としての習性に由来する行動を「問題行動」と考えるのではなく、「それが仕事だもんね」と理解して、お互いが気持ち良く過ごせるルール作りをしましょう。

ダックスと付き合う上で、押さえておきたいポイントは次の3つです。

①猟犬としての本能を認める

ダックスフンドは、アナグマなどの動物を狩るために巣穴に入り、吠えて獲物の位置をハンターに教えるのが仕事でした。大きな声や、狭いところに入りたがるのはそのため。止めさせることだけを考えず、ある程度は受け入れてあげましょう。

②お互いが歩み寄る

人と犬が一緒に暮らす上で重要なのは、犬にばかり我慢をさせないこと。「これはダメ、あれもダメ」と飼い主さんの都合で行動を制限しすぎると、犬にストレスがたまってさらに問題行動がエスカレートするケースもあります。

「○○はしてほしくないけど、××ならいいよ」と、代わりになる行動を示してあげましょう。

③理想を追い求めすぎない

初めて犬を飼う場合は、犬種の特徴や習性を理解するのに時間がかかります。「犬との暮らし」への理想を持ってトレーニングをしてもうまくできなかったり、飼い主さんの気持ちが伝わらないこともあるかもしれません。その犬の個性を大切にして、気長に信頼関係を築いてください。

吠え

愛犬がとにかく吠え続けてしまう場合の対処方法です。

ダックスの飼い主さんのお悩みナンバーワンは、やっぱり「吠え」。よく響く朗々とした声は、ハンターに獲物の位置を知らせるのにもってこいで、逆にそうでなければいけなかったはずです。まさに本能的行動ですが、マンション住まいの家庭が多い日本の住宅事情ではご近所トラブルにも発展しかねないので、飼い主さんとしてはボリュームダウンもしくはサイレントモードに切り替えてほしいところ。

吠えること自体が悪いのではなく、いつまでも吠え続けるのが問題となるはずです。とくに多いのが「自宅のチャイムが鳴るとずっと吠えている」というケース。落ち着かせるためには、愛犬に「チャイムを特別警戒する必要はない」、「もう吠えなくても大丈夫」と伝えなければなりません。家族や訪ねてくる友人に協力してもらい、ふだんからチャイムの音に慣らしておきましょう。

1 来客時に愛犬がチャイムの音に反応して吠え始めたら、名前を呼んで飼い主さんのほうへ注意を向かせます。

2 「オイデ」などと声をかけ、飼い主さんのところまで呼び戻します。飼い主さんはふだん通りに落ち着いた態度で、「来客者は脅威ではなく、吠えて知らせる必要はない」と理解させます。

3 吠えるのを止めて戻って来たら、思いきりほめてあげましょう。これを繰り返すことで、「呼ばれたら吠えるのをやめて飼い主さんのところに戻れば良い」と学習してくれます。

POINT

「チャイムの音は知らない人間（怖いもの）が来る合図ではない」ことを教えて警戒心を解きます。お散歩から帰って家に入るときなどに目の前でチャイムを鳴らす習慣をつけましょう。

トイレの失敗

原因には、胴長ワンコならではの理由があるのかも。

「愛犬がトイレシートの上で排泄しない」というお悩みも少なくありません。これはダックスの身体的特徴が関係している可能性があります。つまり、自分ではシート内でオシッコしているつもりでも、胴長なので下半身がはみ出ているとか……。なので、ダックスの飼い主さんはトイレのスペースを大きめに作るのが良いでしょう。

　また、最初にトイレスペースを複数設けるのもおすすめです。まず室内に2〜3か所トイレスペースを作り、だんだんトイレ同士の距離を縮めていって、最終的には1か所に集約されるようにするのです。犬は「場所」でトイレを覚える傾向があるので、突然トイレを減らしてもその場所ですることが多いのです。

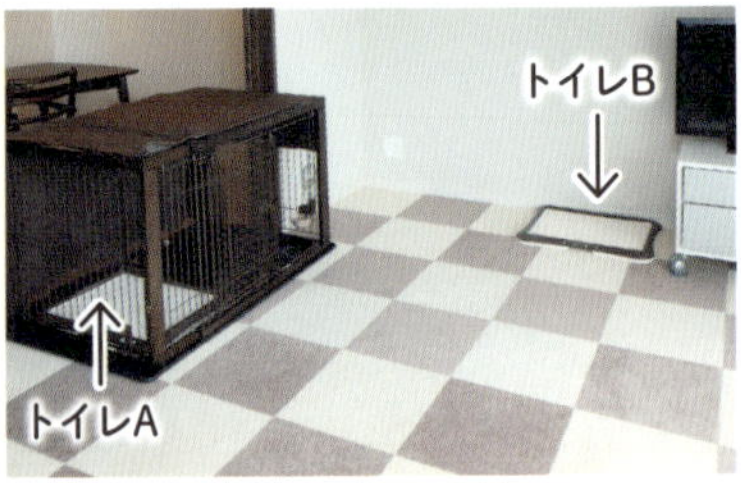

1　室内で2〜3か所（ここでは2か所）トイレスペースを決めて、トイレシートを置きます。1か所はケージ内に作りましょう。

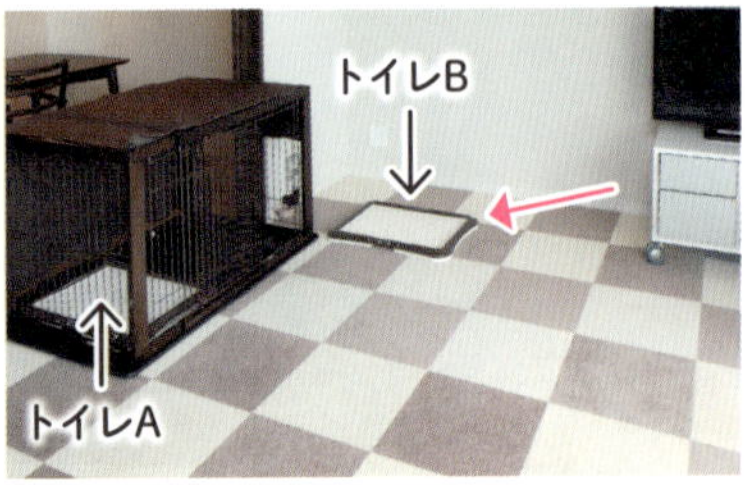

2　どちらかのトイレシートの上できちんと排泄できるようになったら、トイレBを少しトイレAに近づけます。

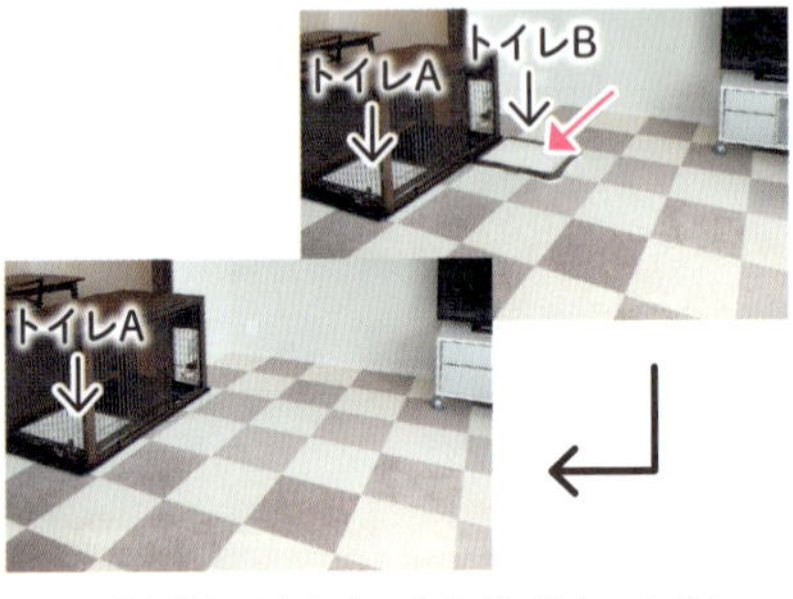

3　移動してもトイレの失敗がないようなら、さらにトイレBをトイレAに近づけます。最終的にはトイレAだけを残して、1か所でできるようにします。

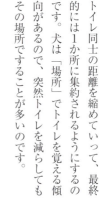

引っ張り

まずは、愛犬が飼い主さんの
隣を歩けるように練習を。

POINT

愛犬があまり自分からトイレに行かないようなら、水を飲んだ量や時間、前回排泄したタイミングを覚えておいて。「そろそろトイレの時間かな」と思ったらトイレまで誘導してあげましょう。

ダックスに限ったことではありませんが、お散歩中の引っ張りに困っている飼い主さんも多いようです。とくに小型犬はリードを引っ張ったときに、首輪によって首やのどへ負担がかかり、また眼圧もあがります。ダックスは狩猟で獲物を追って穴に入っていたというルーツを持つので、動くものに反応して追いかけようとしたり、草むらや狭い場所に行きたがる習性があるようです。

歩行者やほかの犬とのトラブルを避けるためにも、愛犬が「飼い主さんの隣を歩く」ことを意識できるよう練習しましょう。

また、前方から人や自転車、ほかの犬などが近づいていて愛犬が警戒しているそぶりを見せたら、まず立ち止まります。飼い主さんがさりげなく自分の体を壁にして、愛犬の視界をさえぎるようにしてください。

1 隣を歩く練習です。リードにゆとりを持たせ、左手を添えて長さを調節しながら歩きます。

2 反時計回りにくるりと1周回って、再度前方へ歩き出します。

3 前方から人や犬、乗り物が接近してきたら、愛犬の様子をチェック。警戒している様子なら、その場で立ち止まります。

memo

最初は大きく回り、愛犬がついてくるようになったら徐々に円を小さくしていきましょう。

4 自分が壁になって、相手と愛犬が接触しないようにします。このとき名前を呼ぶなどして注意を引いてもいいでしょう。

制止が難しいなら、
「隣を歩く練習」の要領で
小さく反時計回りに回って
注意をそらしてもOK！

水慣れトレーニング

ワンコと安心&安全に水遊びするには、準備が大切です。まずはワンコに、水を好きになってもらうところから。

水慣れレッスンは慎重に

暑い夏を涼しく、そして楽しく過ごすには、やっぱり水遊び！　とはいえ、水遊び初体験で怖い思いをすると、川や海に入らないワンコになってしまう可能性も。飼い主さんが抱っこをして、いきなりプールにワンコを入れるのは禁物です。

水慣れは最初が肝心！　自宅の庭やベランダで、楽しみながら涼む感覚で、ワンコの水慣れに無理をさせず取り組んであげたいものです。紹介する簡単なトレーニングを行うだけで、川や海でも、快適に遊べるようになるでしょう。

1 最初はプールに水を張らずに、プールそのものに慣れさせるトレーニングを。上り降りしやすいように簡易ステップを設置したプール内へ、おやつのニオイを嗅がせながら誘導しましょう。

水に慣れる

「水に入ると楽しいよ！」と、ゆっくり誘導しましょう。

2 ワンコが自らすすんでプール内に入るようにするのがポイント。飼い主さんも「入れた〜。楽しいね」などと明るく声をかけるのが、ワンコの自発性を引き出す秘けつです。

3 水のないプールに出入りすることに慣れたら、ワンコの膝程度までの浅い水位で、プールに水を張って練習を。ワンコが水に足を入れるたびにほめておやつを与えて、水に対して良いイメージを持たせてあげましょう。プールの底にすべり止めマットを敷いて、足がすべらないようにするとなお安心です。

プールで遊ぶ

お手軽な水遊びなら、
やっぱり自宅のプールです。

1 「水を張ったプールにいることが楽しい」とワンコが思えるように、プール内のワンコにたくさんおやつを与えましょう。これで「プールは安全だし楽しいところ」と、プール好きになってくれるはず。

3 水に浮くボールなど、水遊びがもっと楽しくなるアイテムを活用しましょう。プール内でオモチャ遊びできるほどに水慣れしたら、さらに大きいサイズのプールにしたり、水深を少し深くして泳ぐ練習を始めてもOKです。

2 水からワンコがすぐに出られるように、ステップはそのまま残しておきます。ワンコの自由意思を尊重しながら水遊びすることが大切です。

川や海で遊ぶ

安全面に注意しつつ、
愛犬と素敵な思い出作りを。

1 水に入る前に、おやつを与えながら水際を一緒に歩きつつ、周囲の環境に慣らしましょう。最初は水に近い位置に飼い主さんが。ワンコが慣れてきたら、今度はワンコを水に近い位置で歩かせてみてください。

2 ワンコの「水に入りたい」という気持ちを演出するため、川原の石やオモチャなどを水中に投げ入れてみます。飼い主さんも自然に楽しんでいる様子を見せつつ、抵抗感なくワンコが水に入ってくれるのを待ちます。

3 水中が危険ではないことを示すために、家族の誰かが先に入ってワンコを呼ぶのも効果的。「気づいたら水中にいた」と感じさせることができるよう、ワンコの足が着く浅瀬で実践してみましょう。

4 家族のもとまでワンコがたどり着いたらほめましょう。特別なおやつも与えればさらに達成感もアップ。流れが速い川などでは、リードだけでなく犬用ライフジャケットを着せておけば安心です。

memo

水遊び中に注意したいのが水中毒。短時間に水を飲み過ぎることで、血中のナトリウム濃度が急激に下がり発症します。愛犬が水を飲みすぎないよう配慮しながら楽しみましょう。

室内での遊び方

ここでは、飼い主さんも一緒に体を動かせる
「イヌロビクス」を紹介します。

「イヌロビクス」とは

イヌロビクスは、飼い主さんとワンコが一緒に楽しめるエクササイズです。飼い主さんは腕立て伏せとスクワットを行い、ワンコはその動きに合わせて「シット（オスワリ）」と「ダウン（フセ）」を繰り返します。このふたつのポーズは、愛犬にとっては「飼い主さんに対して素直になっちゃう」特別な反復運動。ワンコも一緒に楽しみながら、「飼い主さんについて行こう」という気持ちがだんだんと育っていくのです。

コマンドに対応できたら毎回ほめてあげましょう。「オスワリ」と「フセ」の2択に慣れてきたら、「スタンド（立ち上がる）」などのコマンドを追加して難易度を上げるのもおすすめです。

飼い主さんと一緒に遊ぶメリット

イヌロビクスで遊ぶ最大のメリットは、〝ワンコがどのような状況でも、飼い主さんのコマンドに反応できるようになる〟ということ。腕立て伏せやスクワットで一緒に遊ぶことを通して、飼い主さんの声と言葉に興味を持たせることで、その意味を理解してもらえるようになります。本当は体にふれ合ったほうが指示は伝わりやすいのですが、緊急時のことを考えると言葉だけでコマンドを理解できるようになってほしいですよね。

そのほかには、道具を使わずにワンコのエネルギーをしっかり発散できるというメリットもあります。さらにワンコだけでなく、飼い主さんも運動不足やストレスの解消にぴったりなエクササイズができるのです。

ごほうびを与えるタイミング

イヌロビクスはごほうび（おやつ）を与えながら行いましょう。学習が進んできたら、おやつなしでも楽しめるようになります。大切なのは、犬が「楽しい！」という気持ちで遊び、その経験・時間・空間を覚えていてもらうこと。できれば、カーミングシグナル（ストレスや緊張などの感情を表すしぐさ）を出す前におやつを与えてください。カーミングシグナルには「あくびをする」「ペロッと舌を出す」「体を掻く」などの動作があります。愛犬をよく観察しながら遊びましょう！

〈ウォーミングアップ〉

現時点でどのくらい意思疎通できているかをチェック。座った状態と立ち上がった状態、そして「言葉」と「ハンドシグナル」で、それぞれコマンドを出してみましょう。

①座ったままでコマンドを出す

②立ち上がってコマンドを出す

言葉

ハンドシグナル

ここでのハンドシグナルは、
手のひらを上に向けて上げると
「シット（オスワリ）」、
手のひらを下にして下げると
「ダウン（フセ）」を意味します。
手のひらをワンコにしっかり見せて、
わかりやすく指示するのが
ポイントです

CHECK LIST
チェックリスト

□言葉だけでコマンドに対応できる

ワンコとのコミュニケーションはバッチリ！
一緒に楽しく体を動かしましょう。

□言葉とハンドシグナルでコマンドに対応できる

これができたらワンコとのコミュニケーションはOK。
さらに心のつながりを強めてみましょう！

□ハンドシグナルでコマンドに対応できる

飼い主さんの言葉よりも動きに反応しているかも。視覚からの情報は理解しているけれど、言葉自体は聞いていない可能性があります。イヌロビクスで愛犬とのコミュニケーション度を上げていきましょう！

腕立て伏せ

飼い主さんは
上半身が鍛えられます。

ふだんの生活よりも飼い主さんの視線が低い姿勢。ワンコにとっては非日常的な状況でも、コマンドを聞いてくれるようになるために行います。

女性は膝を床に着けてOK。基本的に手は肩幅くらいの広さで行いますが、より幅を広げると肩甲骨が開くので猫背の人におすすめ。狭くすると胸筋を鍛える効果が期待できます。

1 まずは腕立て伏せをしている動きを犬に見てもらいます。次に動きと合わせて犬にコマンドを出します。腕を曲げるときに「ダウン」、伸ばすときには「シット」と言いましょう。このとき犬が一緒に「フセ」と「オスワリ」を繰り返すことができたらほめてあげて！

3 慣れたら飼い主さんと犬が体を同じ方向に向け、お互いに視線を合わせて腕立て伏せを。お散歩中にアイコンタクトをとるイメージです。飼い主さんの動きだけで犬が「フセ」と「オスワリ」を合わせられたら目標達成！

2 犬が動きに合わせられなかったときは、補足としてハンドシグナルでコマンドを出します。続けていくと、徐々にハンドシグナルを外せるようになるはず。

POINT

体力と筋力に自身のある飼い主さんは、ワンコを背中に乗せてから腕立て伏せをしてみて。ワンコはそのまま「オスワリ」「フセ」「スタンド」などでキープできるかチャレンジ。足場が不安定な状態でも体勢をキープできるようになれば、コマンドの完成度が上がり、ふだんの生活にも反映されるはずです。

スクワット

飼い主さんの
下半身を鍛えます。

代謝を良くするためのトレーニングです。膝が爪先よりもできるだけ前に出ないように意識しながら、足を90°に曲げます。赤ちゃんを背負っているようなイメージで、腰を入れて背筋を伸ばしましょう。

ワンコから距離が遠くなるので難易度が上がります。難しいと感じたら、最初はワンコを抱っこしてスクワットをしてみて。お互いの体がふれ合うので心の距離が縮まります。またワンコにとっては、動きがあるなかでも飼い主さんに身をゆだねてじっとしている練習にもなります。

1 まずは飼い主さんがスクワットをして、犬にその動きを見てもらいます。腕は頭の後ろで組むよりも、体の前で組むほうが、愛犬が集中できるのでおすすめ。膝を曲げるときに「ダウン」、伸ばすときに「シット」とコマンドを出します。コマンドとワンコの動きがシンクロしたら成功なので、ほめてあげましょう。

2 犬の動きがシンクロしなかったときは、ハンドシグナルで補足的にコマンドを出します。続けていくと、徐々にハンドシグナルを外せるようになります。腕立て伏せと同様、最終的に飼い主さんの動きに合わせて愛犬が「オスワリ」と「フセ」を繰り返せるようになれば、コミュニケーション度が上がった証拠です。

Part4
ダックスフンドのお手入れとマッサージ

美しい被毛をキープするには、日々のお手入れが欠かせません。体のお悩みに合ったマッサージも取り入れて、健康維持に役立てましょう。

被毛の基本

3種類の毛質とバリエーション豊富な毛色を持つダックスフンド。その人間とは異なる構造を学んでいきましょう。

二層構造の被毛で体を守る

ダックスフンドの毛質は3種類。最もポピュラーでソフトな質感の「ロングヘアード」のほか、なめらかな質感の「スムースヘアード」と、バリッと硬い「ワイアーヘアード」があります。毛質はそれぞれ異なりますが、いずれも密生したつやのあるガードコート（上毛）と細くてやわらかいアンダーコート（下毛）の二層構造になっていて、これをダブル・コートといいます（図A）。

　ガードコートの役割は、外部の刺激から皮膚を守ること。アンダーコートの主な働きは体温を適温に保つことで、「抜け毛」になるのは基本的にこのアンダーコートと古くなったガードコートです。ちなみにプードルなど「毛が抜けにくい」とされる犬種の被毛は、アンダーコートを持たないシングル・コートと呼ばれるタイプです。

図A ダブル・コートの構造

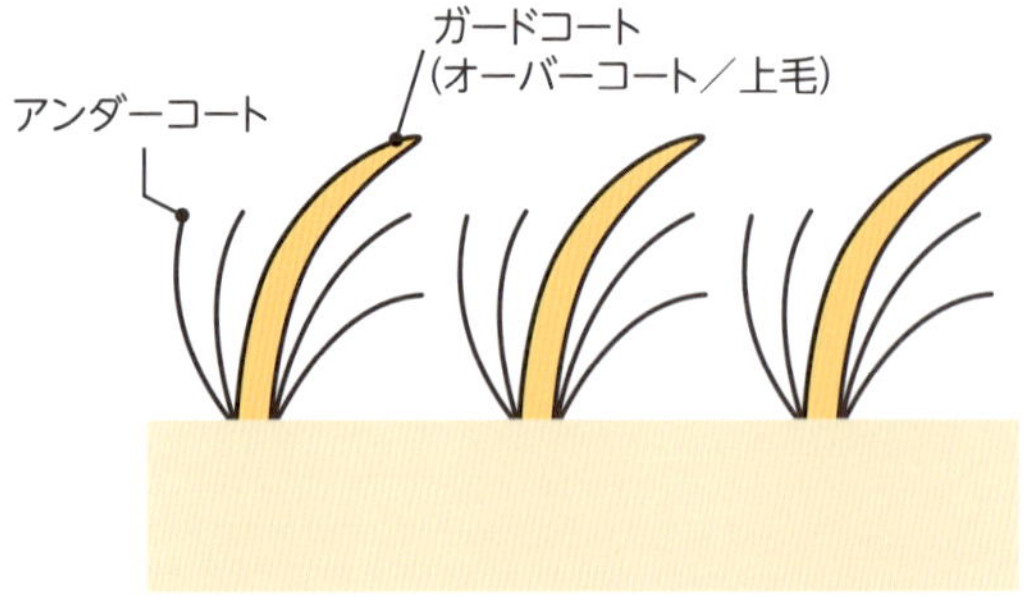

※ ここではオーバーコートを「ガードコート」と記載しています。

被毛のサイクルとお手入れ

犬の被毛は一定のサイクルで発毛・脱毛を繰り返しています。これを「毛周期」と言い、「成長期」→「退行期」→「休止期」が順番に巡ってきます。

　休止期は、古い被毛の下に新しい被毛が生えてくる時期。この時期に死毛になった被毛をしっかり取りのぞくことが重要です。ワイアーヘアードの場合は、トリミング・ナイフを使った「プラッキング」というケアを定期的に行うのが理想的。これは、ガードコートのうち死毛になった毛を抜いて硬くしっかりした毛を作るための作業です。

　では、ロングヘアードやスムースヘアードはトリミング・ナイフを使うケアをしなくてもいいかというと、そうでもありません。とくにロングヘアードの場合は、アンダーコートをトリミング・ナイフやディシェーダーで取りのぞく「レーキング」という作業をすることで、美しい被毛をキープできます。理想的なのは、トリミングサロンに通いながら、自宅でもアンダーコートを取りのぞくのに特化したブラシなどを活用してお手入れすること。お手入れは1~2週に一度がベストですが、最低でも4週に一度はサロンでお願いしましょう。毛周期を理解してプランニングできるトリマーは多くないので、まずはサロンに問い合わせてみてください。

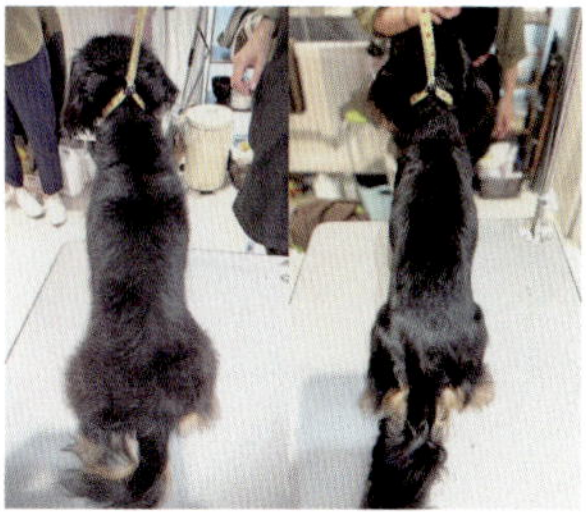

毎月レーキングし始めて、3か月が経った被毛のビフォー・アフター。

「サマーカット」について

夏場の暑さ対策として、バリカンで被毛を短く刈る「サマーカット」をする飼い主さんも多いでしょう。もちろん、生活のしやすさやその犬の性格・年齢に応じてバリカンを使うのは悪いことではありません。ただ、「ダックスの被毛は一度バリカンで刈ると毛質が変わって本来の機能を発揮できなくなる」ことを覚えておいてください。また、犬の被毛は「暑そうだから短くすればいい」という単純なものでもありません。

図B-1はガードコートもアンダーコートも処理していない被毛です。ガードコートが紫外線などの刺激をブロックしていますが、アンダーコートが密生していて風通しが悪い状態。冬場は快適ですが、夏場は熱がこもりやすくなります。

図B-2はバリカンで全体を短くした被毛です。アンダーコートがほとんどなくなるので風通しは良くなりますが、ガードコートも短くなって、外的刺激を受けやすく、皮膚が守れなくなっています。

図B-3がトリミング・ナイフでケアをした被毛。風通しとガードコートの紫外線や熱に対するブロック機能の両方が確保できています。

図B-1 特別なケアをしていない被毛

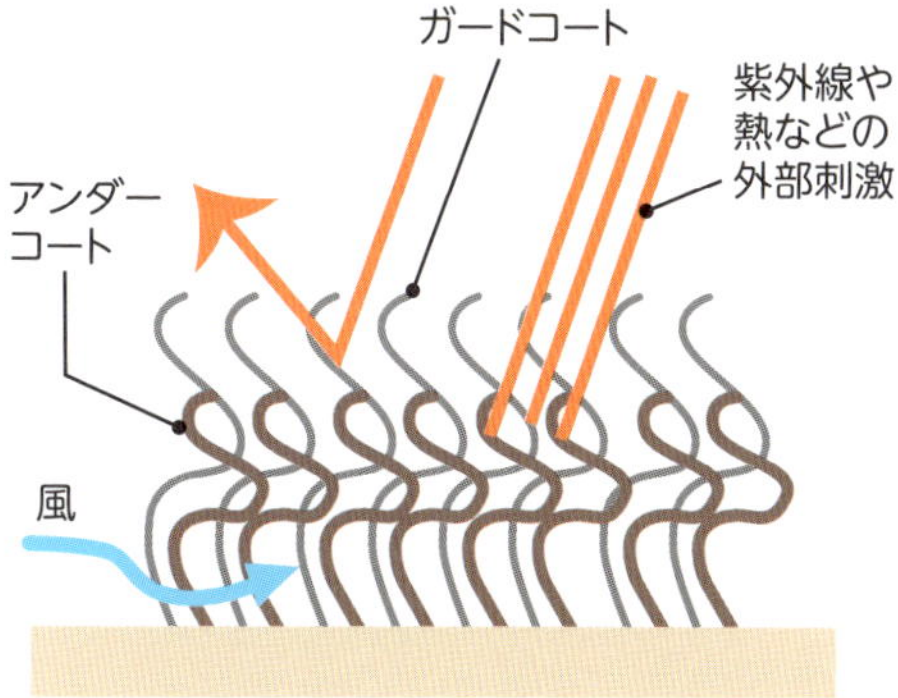

図B-2　バリカンで短く刈った被毛

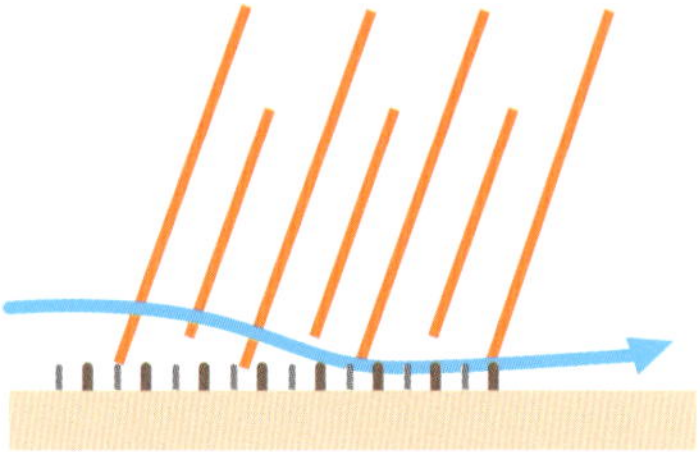

図B-3　アンダーコートのみ取りのぞいた被毛

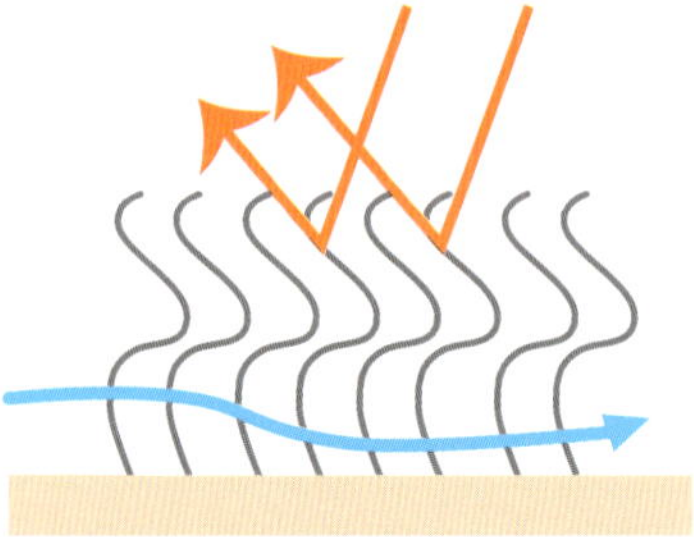

被毛の役割を理解してケアをする

熱中症が心配な夏場は日中の散歩を避けている人がほとんどだと思いますが、ダックスはさらに配慮が必要です。

下の表は屋内・屋外で犬の体表の温度を調査した結果です。気温が33℃で地面がアスファルトという状況下では、一般的な犬のお腹あたりは輻射熱により約50℃まで上昇するとされ、体高の低いダックスはこれ以上に地面から熱を受けやすくなります。その上、保護してくれるはずのガードコートが極端に短いと、熱の刺激が皮膚に直接当たることになります。この点でも、「暑さを軽減させる」ことだけが目的のサマーカットは避けたいところ。また、日没後もアスファルトには熱が残っているので、サマーカットをしている場合は、散歩のときに通気性の良いウエアを着せるのも良いでしょう。ダックスの被毛は、どのようにお手入れをするかで毛質が変わる繊細な一面を持っています。生まれ持った美しい被毛の良さを維持できるようなお手入れをすることが、健康管理の一環になることを知ってほしいと思います。ただし、シニア犬には施術が負担になることもあるので、無理せずできる範囲のお手入れをしてあげましょう。

表　気温と犬の体表の温度

	気温	背中付近	お腹付近
屋内	21℃	26℃	32℃
屋外・晴れ	33℃	64℃	50℃

お手入れ

ここでは、ロング・ヘアードのミニチュア・ダックスフンドのお手入れ方法を紹介します。

足が短いダックスのお手入れをするときにいちばん気をつけたいのは、腰に負担をかけないようにすること。後ろ足だけで立たせたりして、腰に圧をかけるような体勢にするのは避けてください。よく愛犬を両脇から持ち上げて抱っこする飼い主さんがいますが、これも後ろ足に負荷がかかってしまうのです。

おうちでワンコのシャンプーをするときは、その前に必ずブラッシングをすることが重要。とくにダックスはダブル・コートを持つ犬種なので、ブラッシングで余計なアンダーコートを取りのぞいてからシャンプーをしてください。いきなりシャンプーから始めてしまうと毛がもつれてしまい、しっかり乾かせないままなので皮膚トラブルの原因になってしまいます。

爪切り

深爪にならないよう注意して。
嫌がる場合はサロンへ相談を。

1 後ろ足は、左腕で犬のボディを保定しながら足首を後ろへ曲げます。犬の足は前後にしか動かせないので、横に上げないように気をつけて。

2 爪の中の血管を傷つけずに、角を落とすようにしてカットします。

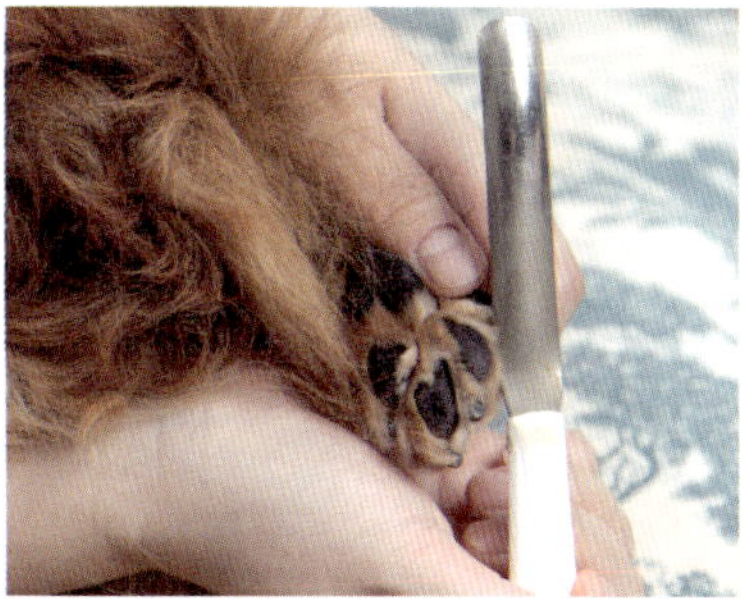

3 切り口が引っかからないようにするため、ヤスリをかけます。

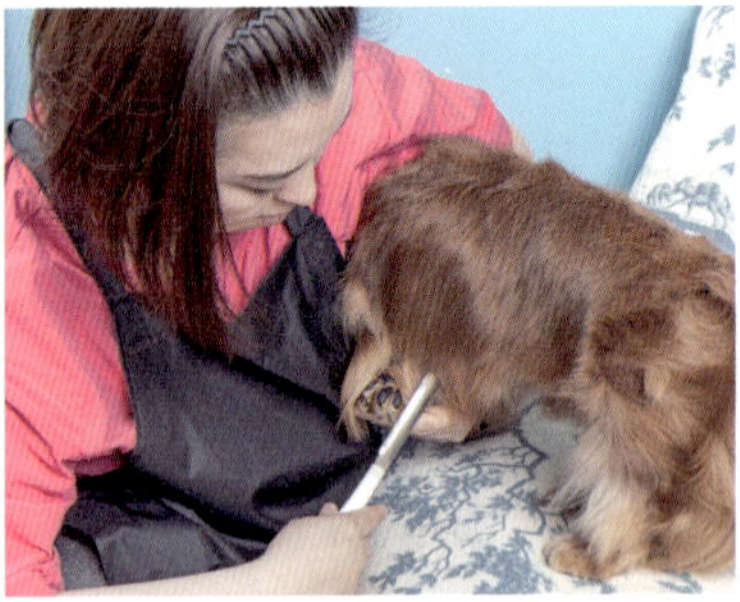

4 前足も同様に爪を切ります。犬の胸の下から腕を回して保定し、足首を後ろに曲げて行います。

POINT

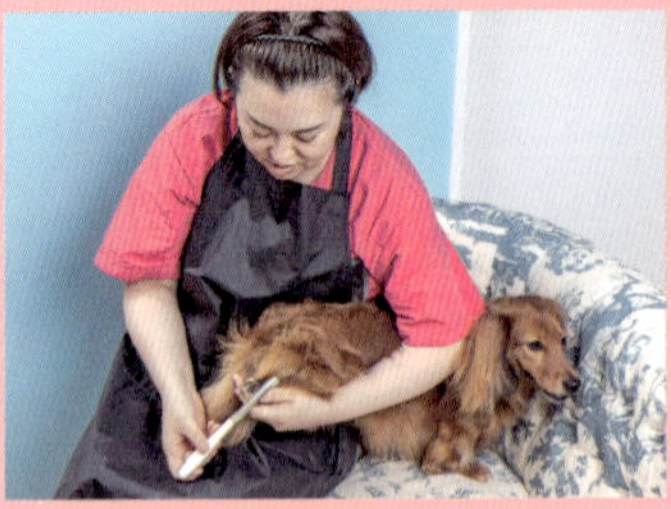

片方の後ろ足だけ持ち上げられるのを嫌がる場合は、飼い主さんの膝に両足を乗せてみて。犬は動きづらくなるので、飼い主さんも犬も安全に爪切りができるはずです。

クリッパー（ミニバリカン）を使って毛をカットします。軽く滑らせて、肉球より長い毛を刈りましょう。

足裏の毛をカットする

毛が伸びていると滑りやすく、足腰を傷める原因になります。

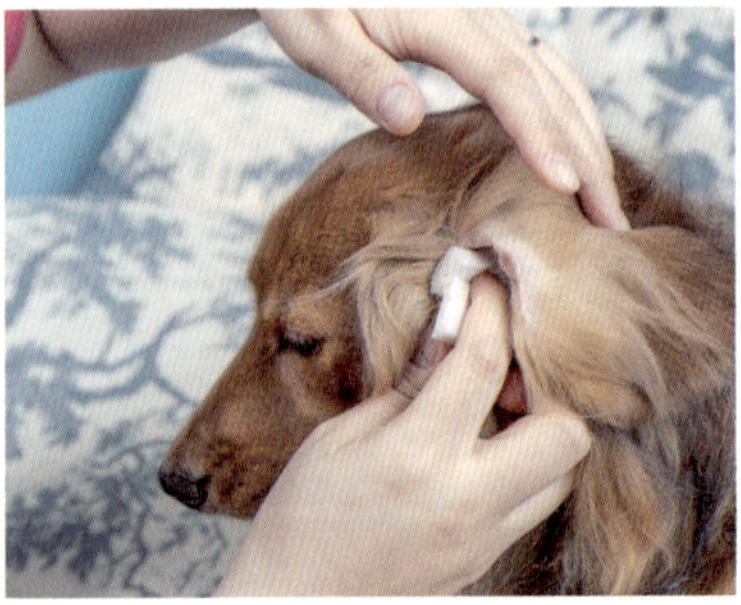

ダックスの耳は脂っぽくなりがち。コットンにイヤーローションや水を付けて、穴の縁周りをふきます。おうちでは難しいので、耳の奥まではやらなくてOK。

耳掃除

たれ耳なダックスの場合、2〜3日に1回程度はお手入れを。

ブラッシング コーミング

全身とかせれば、
どこからとかし始めても
OKです。

使う道具

コームの持ち方

親指と人さし指の先で下のほうを持ちます。コームの重みを利用して力を入れずに動かします。

スリッカーの持ち方

親指と人さし指の先で柄を持ち、中指を添えます。鉛筆や卓球のラケットを持つイメージで。

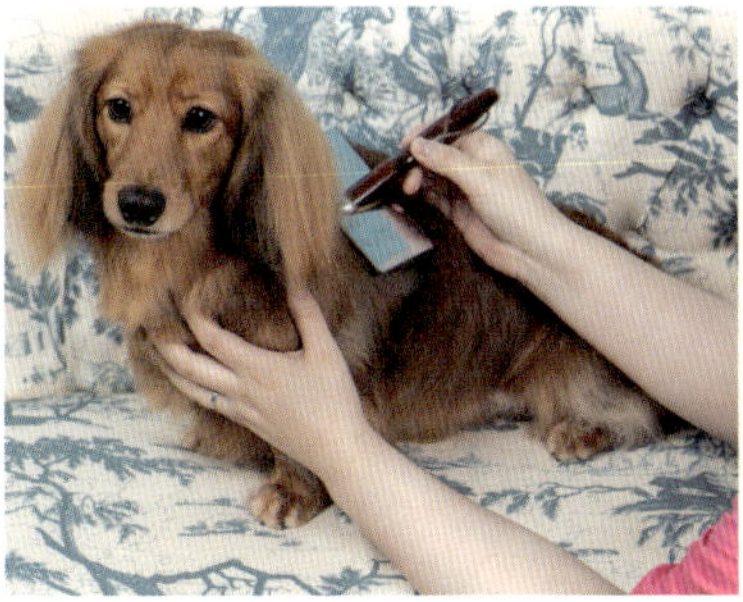

1 ボディをブラッシングします。毛の流れに沿って、毛の根元からスリッカーを入れていきます。

2 足の飾り毛や脇の下はとくに毛玉のできやすい部分です。毛玉があったらいったんスリッカーを抜いて、小刻みに動かして解きほぐします。

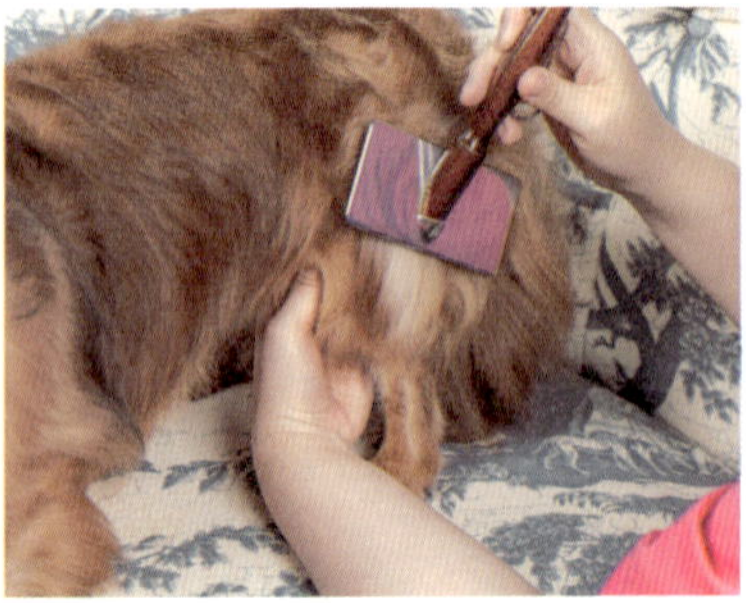

3 後ろ足〜お尻も同様にスリッカーを入れます。お尻周りはしっぽを持ち上げてからとかしましょう。

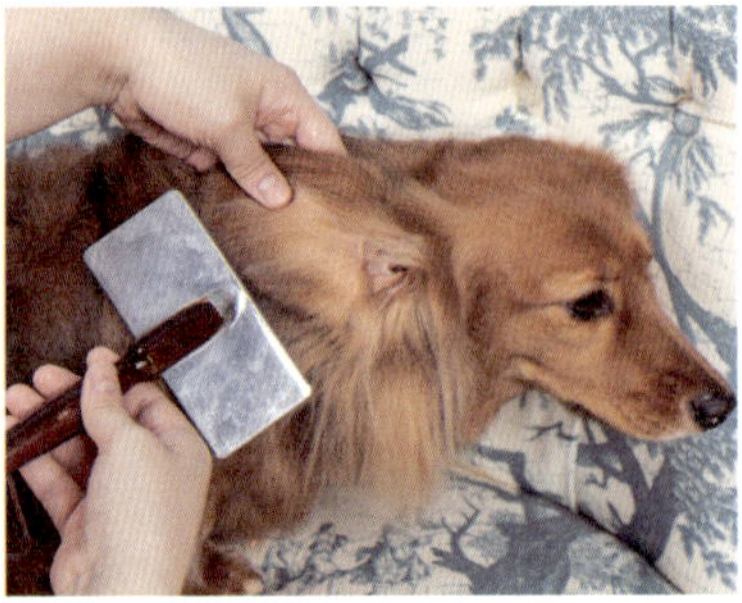

5 耳の裏側も忘れずに、同じ手順でスリッカーを入れます。

4 耳の表側を毛流れに沿ってとかします。耳の根元に手を添えて、被毛を広げるように動かします。

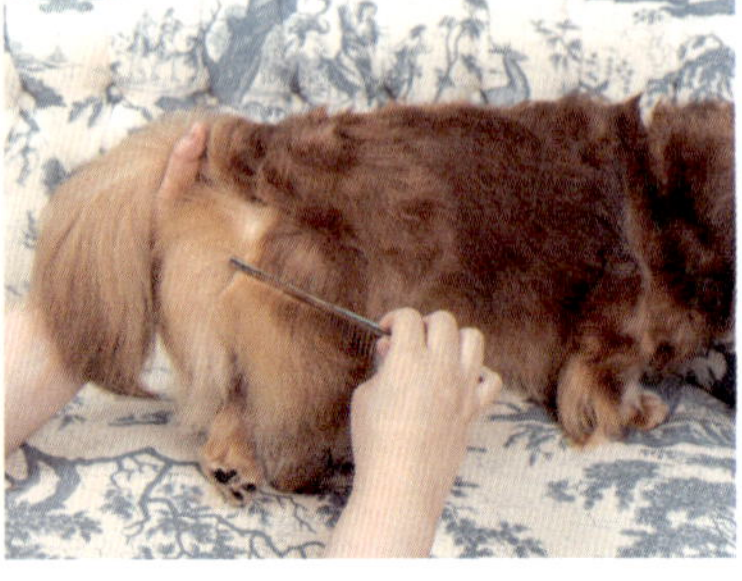

7 全身のブラッシングが終わったらコームを入れていきます。力を抜いて、毛流れに沿ってとかします。

6 あごを軽く押さえて、のどから胸にかけてとかしていきます。

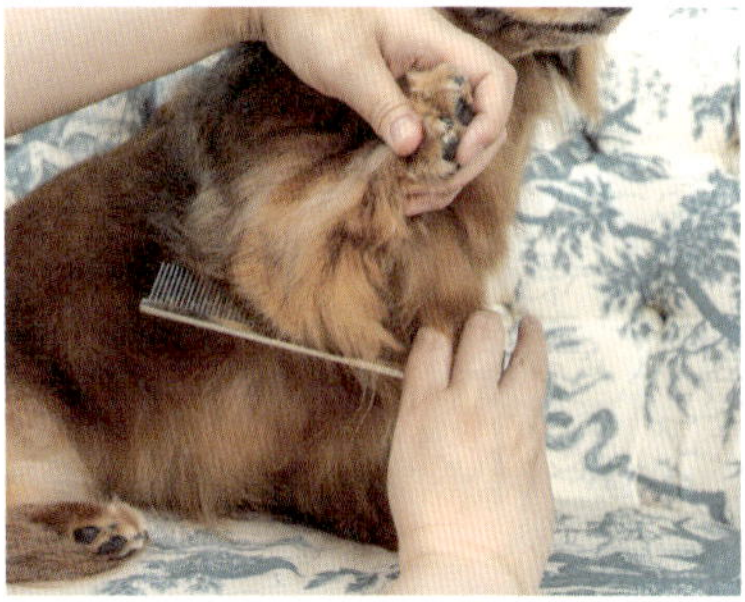

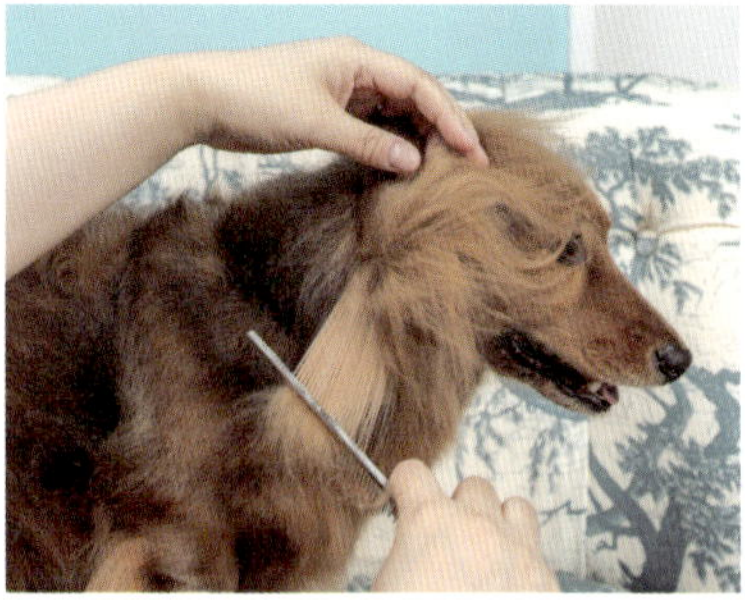

8 耳や首の周り、脇の下などは毛玉のできやすいところです。コーミングで毛玉を見つけたときは、いったんスリッカーを入れて毛玉をほぐしてからコームでとかしましょう。

シャンプー&ブロー

サロンでも3〜4週間に1回程度やってもらうのがベストです。

1 犬の体温は人間よりも高めなので、お湯の温度は少しぬるめに設定してから始めます。冬場は少し高めでも大丈夫ですが、愛犬に負担のない程度で。

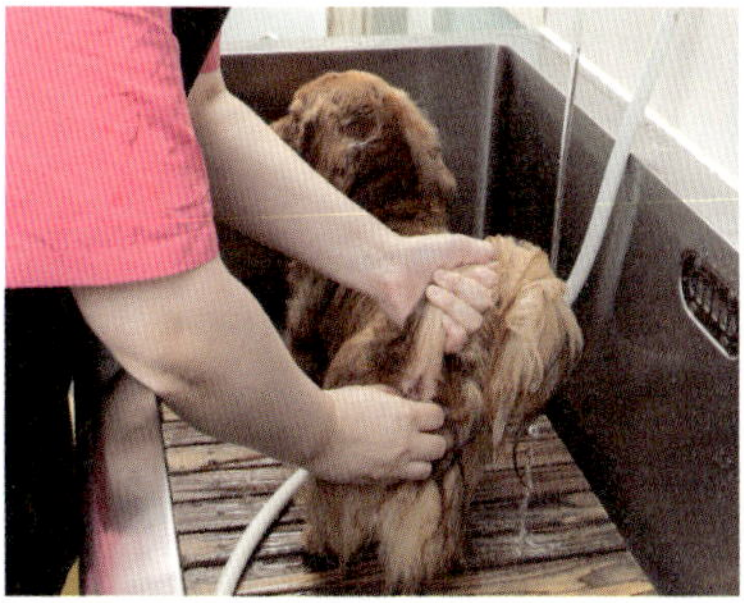

2 肛門の左右ななめ下に親指と人さし指を当て、肛門腺を絞ります。カランを流しながらだとすぐに手を洗えるので便利です。犬が嫌がる場合は無理せずサロンにお願いして。

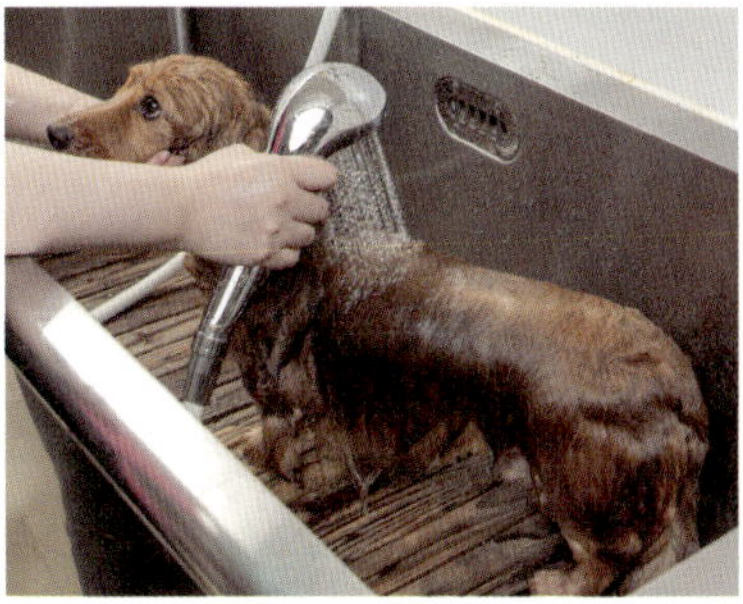

3 体の後ろから頭のほうへ、シャワーで全身に水をかけていきます。

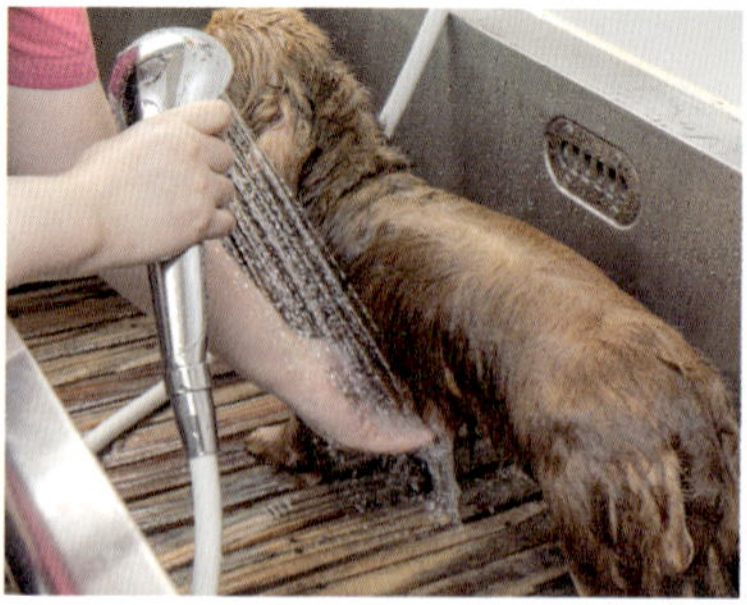

4　お腹や脇、陰部、肛門周りにも水をしっかり含ませていきます。

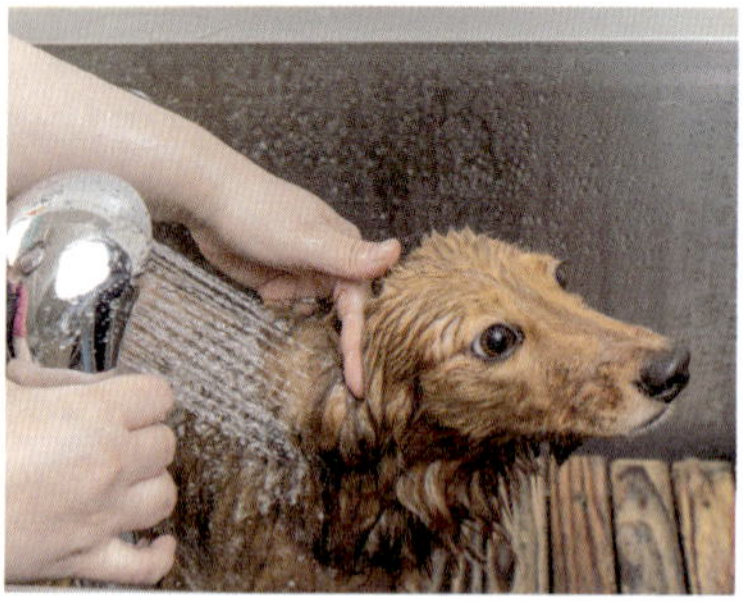

5　耳は裏返し、穴の中に水が入らないように気をつけながら濡らします。

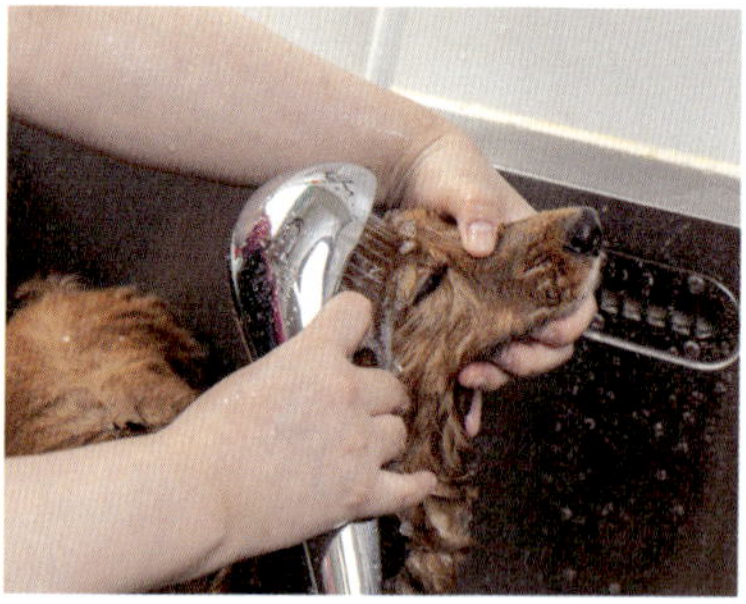

6　頭を濡らすときは水が鼻に入らない角度でマズルを保定し、後頭部から前にかけて濡らしていきます。

マズルの上顎側は親指で押さえます。ただし、鼻の近くには骨がなく、やわらかい部分があります。犬はここを押さえられるのを嫌がるので、顔の中心あたりの骨があるところを探し、そこを押さえるようにしてください。

7　規定通りに薄めたシャンプーを泡立てます。泡を体の後ろから前に付けて、地肌を指の腹でこするように洗っていきます。

8　とくに長いコートはからまりやすいので、毛を手でとかすように洗います。肉球のあいだやしっぽの毛先まで、ていねいに洗いましょう。

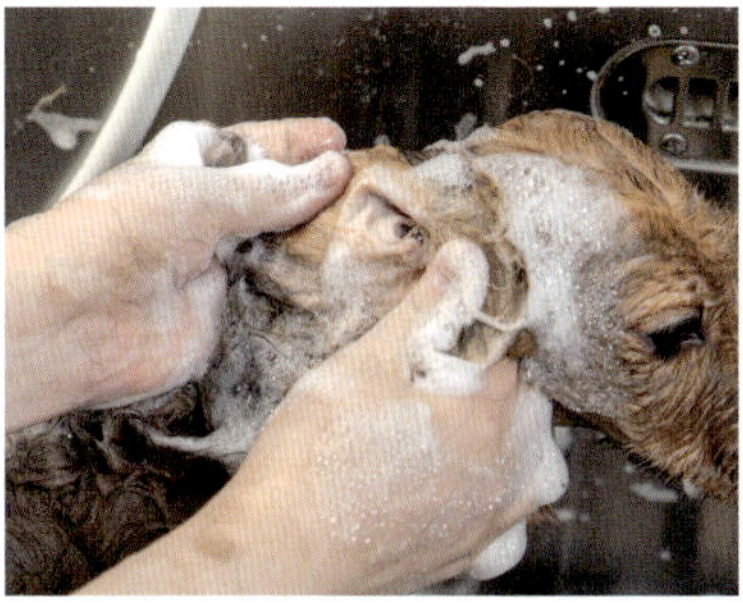

9 首や耳の周りは皮脂で汚れやすいところ。被毛だけでなく地肌もきれいにすることを意識して洗います。

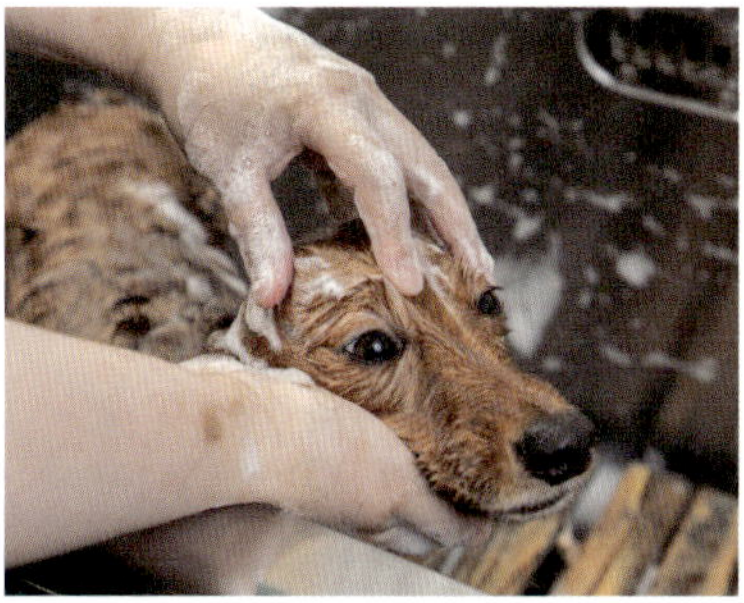

10 頭を洗うときは目や鼻に泡が入らないように注意して。眉間も意外と汚れがたまりやすいので、指の腹でこすって洗います。

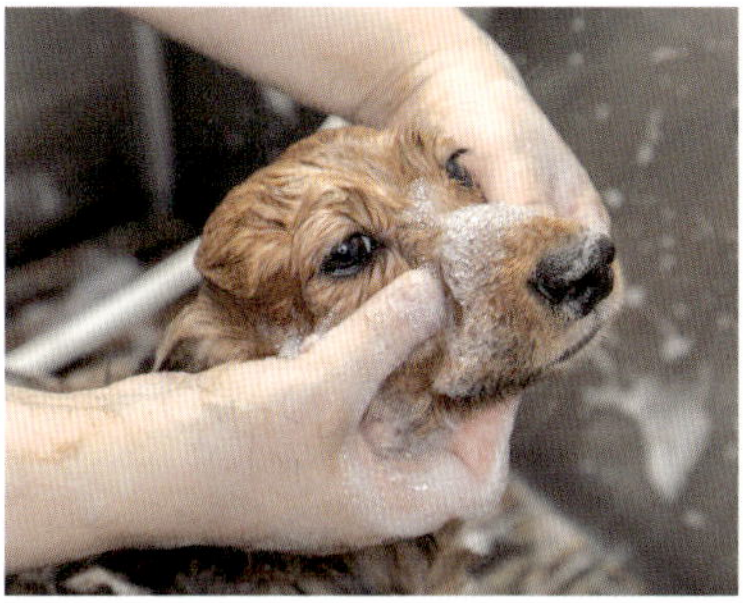

11 頬～マズルの部分も親指の腹でもむようにして洗います。

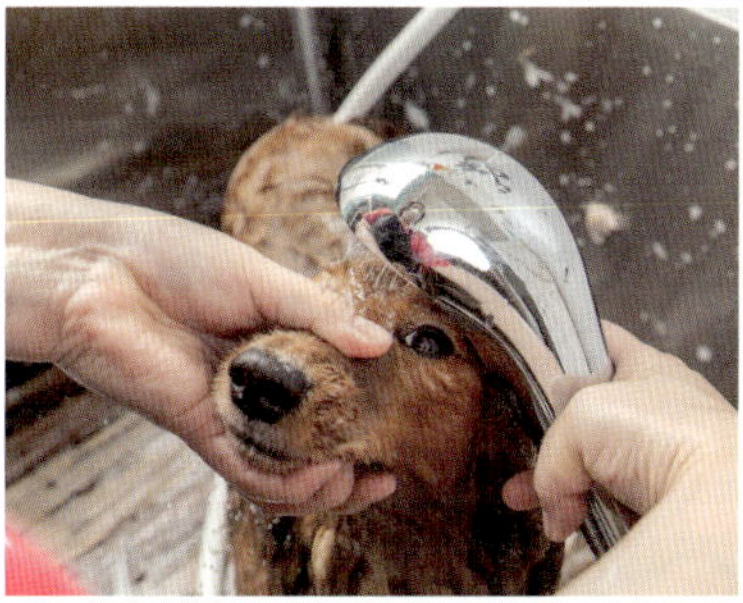

12 目の周りから体の後ろにかけてすすいでいきます。皮膚にシャンプーが残らないことが最重要。薬用でもしっかりすすぎます。

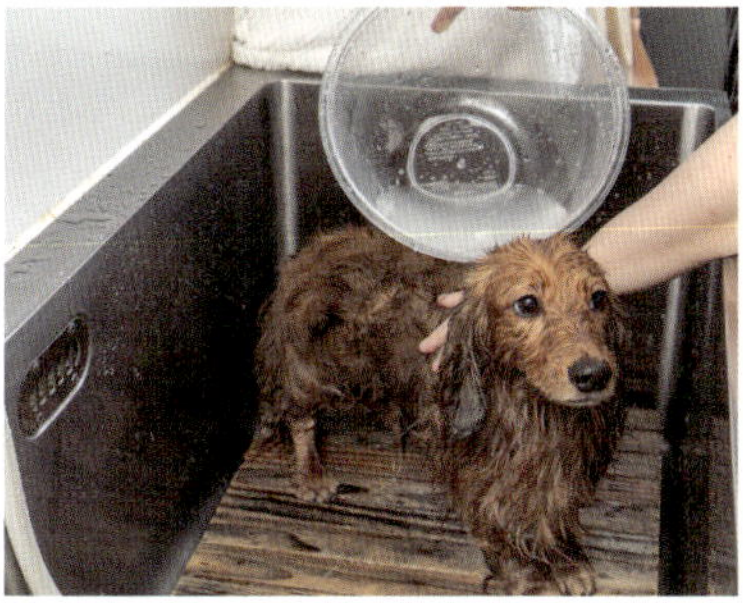

13 リンスはお手入れ後の汚れを付きにくくする効果があります。使う場合は規定通りに薄めて、同じくシャワーでしっかりすすいでください。

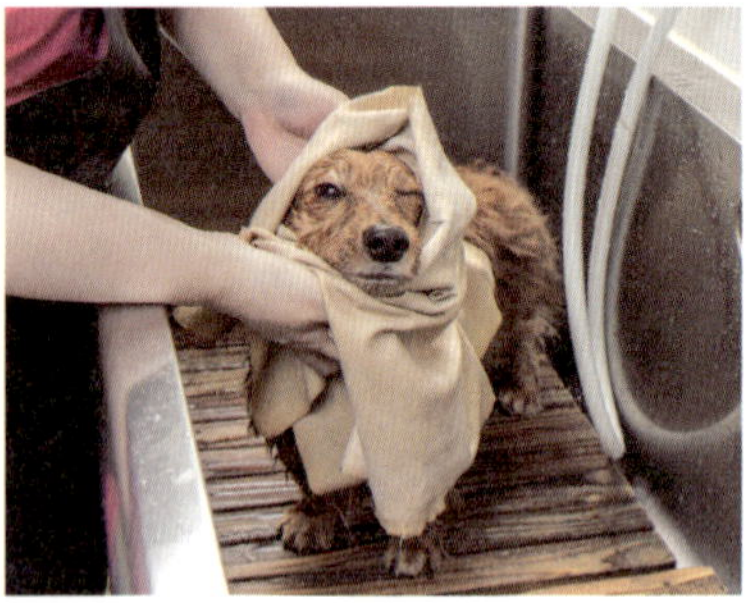

14 吸水タオルで全身の水気を取ります。タオルの上からボディや毛先を軽く手のひらで押さえて水分を吸わせます。

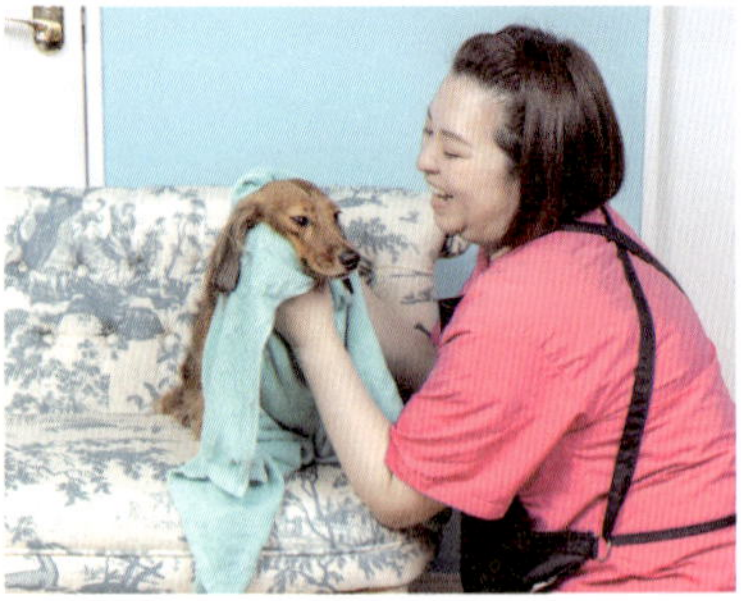

15 タオルでさらに水気を取ります。ダックスはダブル・コートなので、被毛や皮膚に残った水分を少しでもブロー前に減らしておきたいところです。

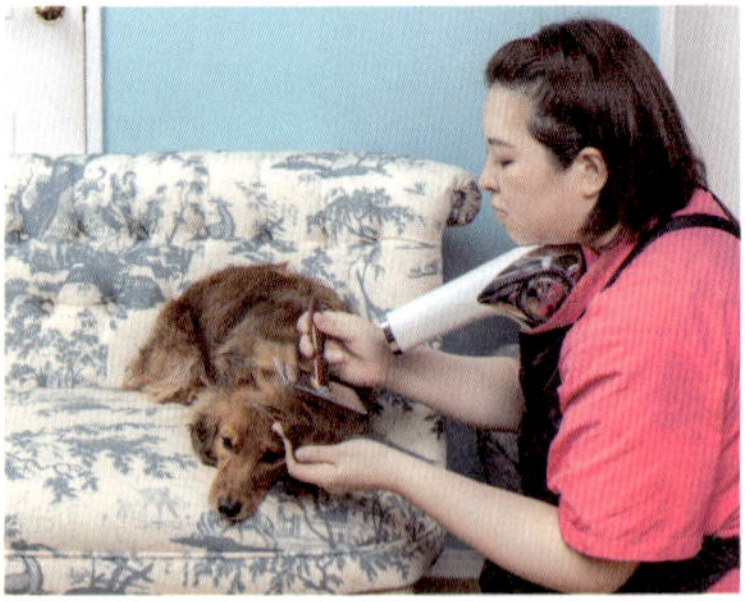

16 ドライヤーはエプロンや服を利用して、胸元で固定しておくと両手が使えるので便利です。

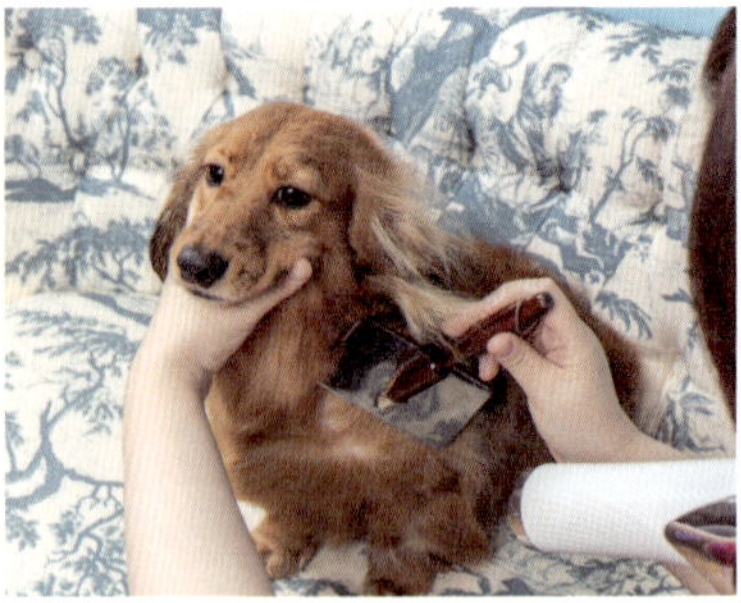

17 毛流れに沿ってスリッカーを入れながら、全身くまなく乾かしていきます。どこから乾かしてもOKですが、生乾きの部分がないように注意して。

ドライヤーの温度は、
夏場で毛量が
多い犬の場合は
冷風にしてOK。
時間はかかりますが、
犬も暑い思いをせずに
過ごせます

18 顔の周りを乾かすときは、目に風を当てないように気をつけましょう。

歯みがき

愛犬の歯と歯ぐきを守るには、毎日のケアが欠かせません。
コツをつかんで、ダックスの口の健康を守りましょう。

〈口の中のトラブルチェック〉

当てはまる項目が複数あったら、獣医師に相談しましょう。

- □ ものを噛むとき、片側の歯だけを使う
- □ ものを食べるとき、頭を片側に傾ける
- □ 硬いものを食べたがらない
- □ 食べものをよくこぼす
- □ ごはんを食べるのに時間がかかるようになった
- □ よだれが増えた
- □ 口臭が気になる
- □ 口の周りをさわられるのを嫌がる
- □ 口を開けるのを嫌がる
- □ よく頭を振る
- □ 前足で口の周りをこすることが多い
- □ 口を床や地面にこすりつける
- □ 怒りっぽくなった
- □ 口の中から血が出ている
- □ 口の周りや頬、顎などが腫れている

歯みがきの Q&A

歯みがきに関する疑問を、
Q&A形式で解説します。

Q1 ワンコの歯みがきは毎日するのが理想ですが、「最低限」どのくらいのペースですればいいでしょうか？

A ワンコの口の中のpH（酸性・アルカリ性の度合い）は、８～９。pHは６～８が中性とされ、数値が大きいほどアルカリ性が強くなります。そして口内環境がアルカリ性に傾くと、プラークが歯石に変わりやすくなります。ワンコの場合、プラークが歯石に変わるまでの時間は３～５日。歯石になってしまうと歯みがきでは落とせません。歯垢の段階で取りのぞくためには、**最低でも２日に１度の歯みがきが必要**です。

Q2 歯石がたまるといけないのはなぜですか？

A **歯石があると、歯垢がたまりやすくなります。**プラークは細菌の塊ですが、プラークが固まった歯石の中では、細菌は死滅しています。でも表面が凸凹になっている歯石には、滑らかな歯の表面よりプラークが付きやすいため、そのままにしておくとプラークがどんどんたまってしまうのです。

Q3 歯石を除去するとき、麻酔はかけたほうがいいのでしょうか？

A 歯石がたまるのは、主に歯周ポケット（歯と歯ぐきのあいだにある溝）の部分。完全に取りのぞくには専用の器具を使わなければならず、痛みもあります。ワンコの負担を減らし、ケガや噛みつきなどの事故を防ぐためにも、**歯石除去は必ず麻酔をかけて行います。**麻酔をかけずにハンドスケーラーで行った場合、見える範囲の歯石しか取ることができません。ワンコに怖くてつらい思いをさせる上、歯周ポケットの奥の歯石を取り残してしまうことにつながるのです。

Q4 「うちの子はもう成犬だけど、これから歯みがきの練習をしたい」というときは、何から始めればいいですか？

A **歯科検診と治療**から始めましょう。成犬はすでに歯周病にかかっている可能性が高いため、まずは動物病院へ。そして必要な治療を終え、口の中を健康な状態にしてから歯みがきの練習を始めましょう。痛みや不快感がある状態で歯みがきをされたりさわられるのは、ワンコにとってつらいもの。無理強いすると、どんどん歯みがきが嫌いになってしまいます。

Q5 歯ブラシはどんなものを選べばいいですか？

A **ヘッドが小さく、毛がやわらかめのもの**が良いでしょう。口も歯も小さいダックスの場合、すみずみまでみがくためには小さなヘッドの歯ブラシを選ぶ必要があります。また、ブラシが硬いとワンコが嫌がることが多いので、やわらかいものがおすすめ。毛先が細いほど、歯周ポケットの奥までみがくことができます。

Q6 歯みがき効果のあるオモチャやガムは、歯みがきの代わりになりますか？

A ガムなどは、どうしても歯みがきを嫌がるワンコのための次善の策。**オーラルケアの基本は、1日1回の歯みがきです。**また、硬すぎるガムやオモチャは、歯が折れたりすり減ったりといったトラブルの原因になることも。ペット用オーラルケア製品の効果を認める「VOHC認定」マークのある製品を選ぶと安心です。

Q7 ワンコのオーラルケアは、毎日の歯みがきだけで十分でしょうか？

A オーラルケアの理想は、**毎日の歯みがきに加えて年に2回の歯科検診です。**動物病院でチェックすることで、歯周病を早期発見・早期治療することができます。歯みがきが苦手な子の場合、獣医師による定期的な歯石除去も必要です。

歯みがきの方法

口にさわることから始めて、
時間をかけて
ステップアップしましょう。

〈使用する歯みがきグッズ〉

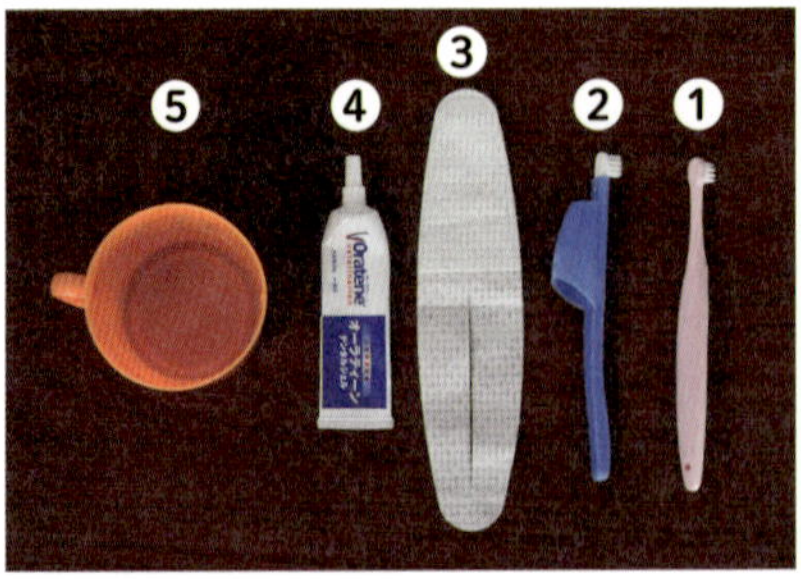

①② 歯ブラシ	ポケット部分に指を入れて使う②は、歯ブラシに慣らす段階におすすめ
③ ガーゼ、専用シート	歯ブラシを使えるようになる前に、指に巻いて使用
④ 歯みがき用ジェル	ワンコが好きな味を選ぶと歯みがきがスムーズに
⑤ 水	ガーゼや歯ブラシを濡らしたり、すすいだりするときに使う

1 ガーゼの感触に慣らす

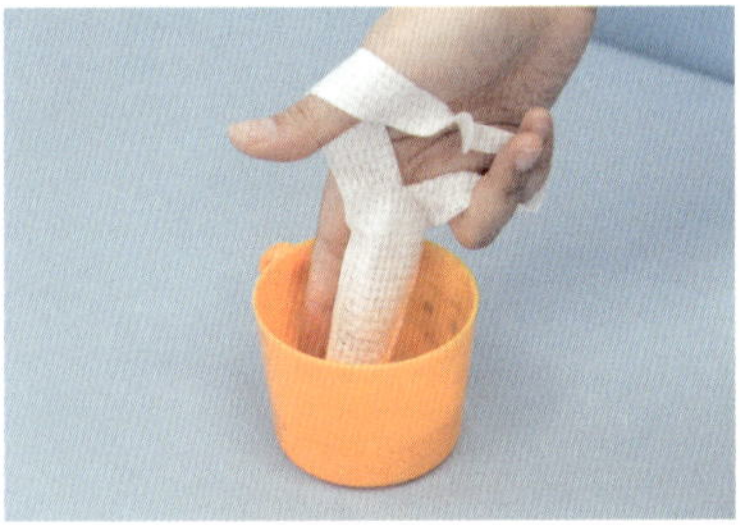

指（人さし指以外）に濡らしたガーゼを巻き（写真は専用のシートを使用)、いつものようにさわりながら、たまにガーゼで歯と歯ぐきを軽くこすってみます。少しずつ慣らしていき、奥歯や歯の裏側まで、まんべんなくこすります。

最初から歯ブラシを口に入れると、ワンコはびっくりしてしまいます。まずは口の周りと中をさわられることに慣らしましょう。
リラックスしてワンコをなでて、口の周りにもやさしくふれていきます。ワンコが嫌がったらすぐにやめて、続きはまた明日。慣れてきたら、なでながらさりげなく口の中に人さし指を入れてみてください

2 歯ブラシに挑戦

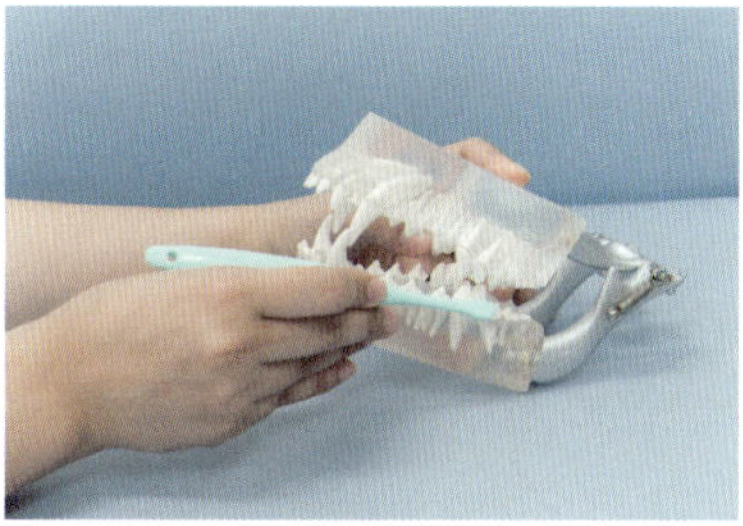

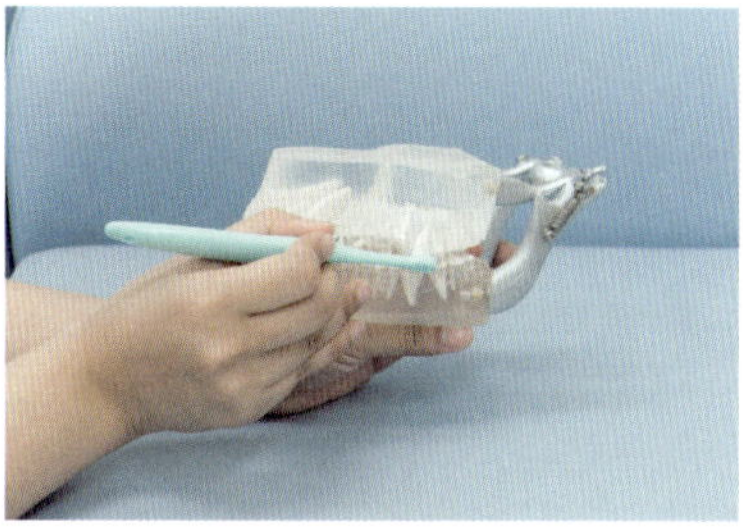

鉛筆を握るように濡らした歯ブラシを持ち、嫌がらないところから歯みがきをしてみます。歯ブラシは、歯と歯ぐきの境目に当てましょう。上の歯なら歯ブラシの毛を斜め上45度、下の歯なら斜め下45度に向けて当てて小刻みに動かします。

3 みがいているところを目で確認

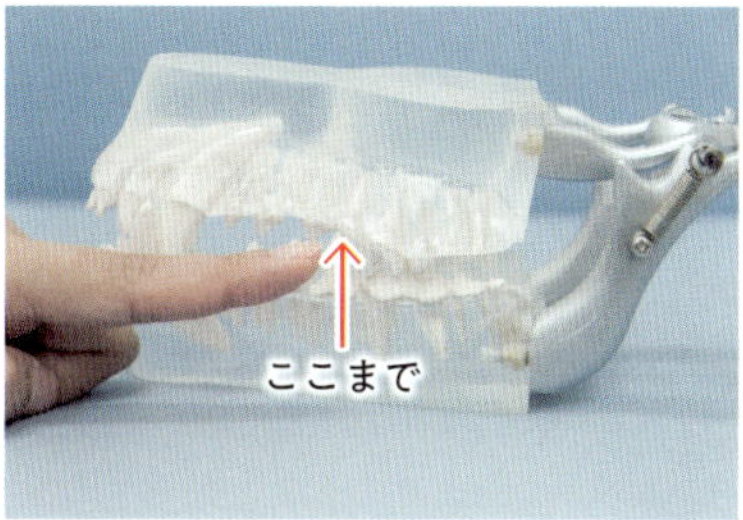

マズルを上から握り、中指〜小指で下顎を支えます。親指で上唇を軽くめくり、ブラシが当たっているところを見ながらみがきます。唇をめくると、犬歯の後ろにある大きな歯まで見えます。

memo

歯と歯ぐきの境目はとくに丁寧にみがきましょう。この部分にある歯周ポケットにプラークがたまりやすいからです。歯周ポケットの中に毛先を入れるイメージで。

4 いちばん奥の歯は歯ブラシの角度を工夫する

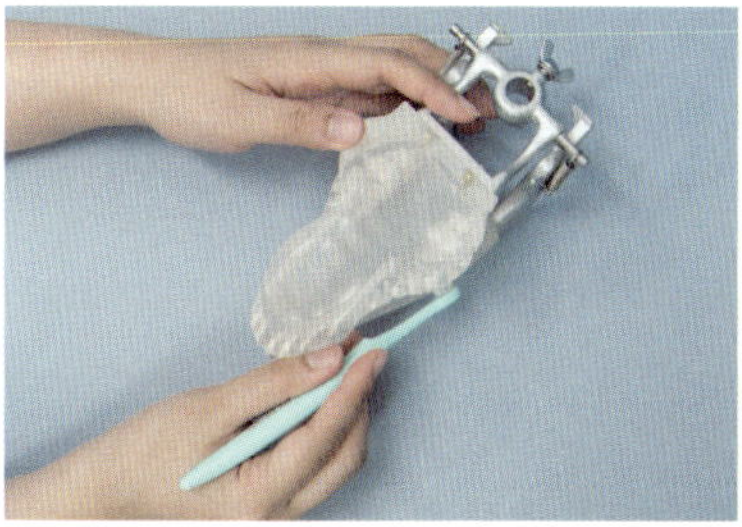

唇をめくると見える部分をみがくとき

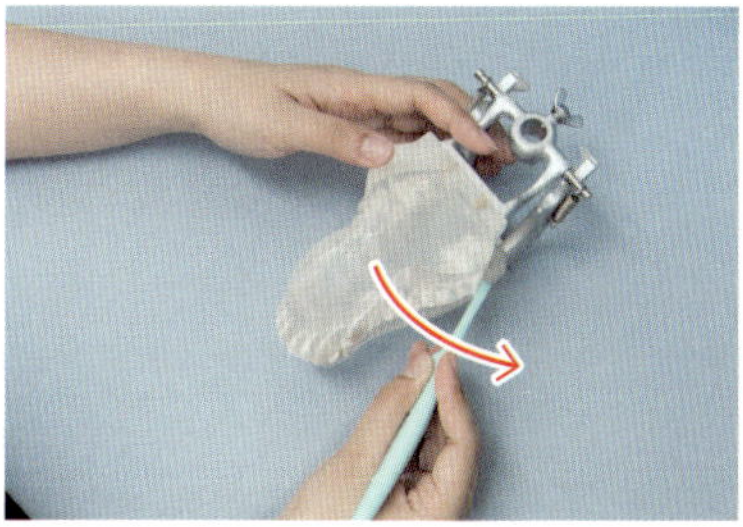

見えない奥の歯をみがくとき

唇をめくっても見えない部分は、顎の骨がやや内側に入っています。柄で頬を外側に膨らませるような角度で歯ブラシを当てると、うまくみがけます。

memo

歯周病などがない健康な犬のための手順です。トラブルがある場合は治療してから始めましょう。

5 裏側をみがく

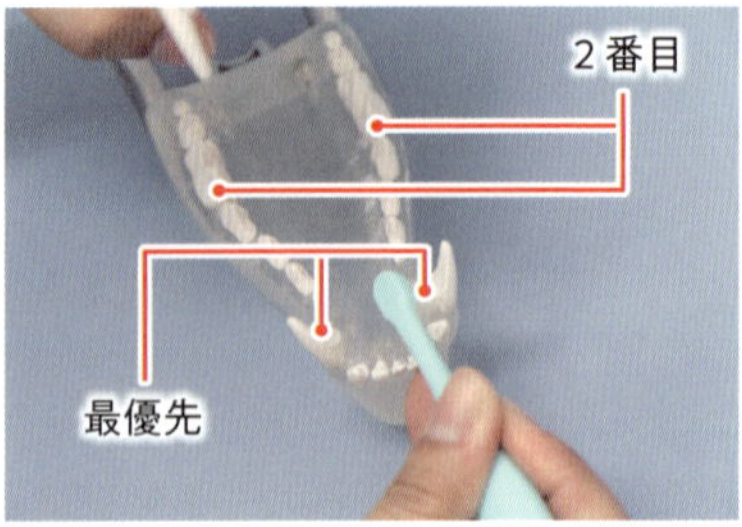

裏側もすべてみがけるのが理想ですが、難しい場合は、上下の犬歯の裏側を最優先。次に、いちばん奥の大きな歯の裏側をみがきましょう。

犬の歯の構造と歯並びの異常

正常な犬の歯は、次のような噛み合わせ（咬合）になっています。

【切歯《せっし》】
上顎の歯が下顎の歯をややおおっている。

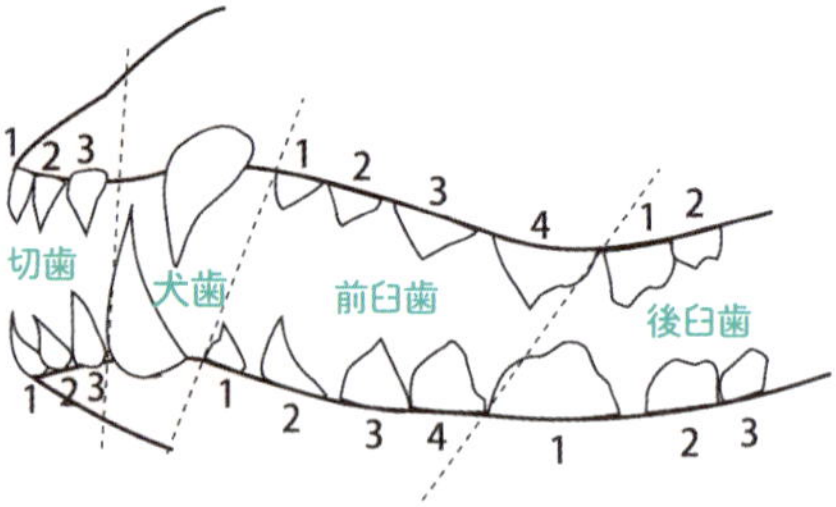

【犬歯】
下顎の犬歯は、上顎の第3切歯と犬歯のあいだに入り込む。

【前臼歯】
上顎の第1～3前臼歯と下顎の第1～4前臼歯は、互い違いに噛み合うように生えている。

噛み合わせや歯の位置に異常がある状態を「不正咬合」といい、顎の長さや幅がアンバランスな「骨格性不正咬合」と、歯の位置や傾きなどに異常がある「歯性不正咬合」に分かれます。

不正咬合は、食事のしづらさや口臭、血の混じったよだれ（口内を歯が傷つけている）、頭を振ったり口を気にしたりするといったことにつながります。抜歯や矯正が必要になることもあるので、かかりつけの獣医師に相談しましょう。

ダックスのためのマッサージ

**健康維持&リラックスに効果があるというドッグ・マッサージ。
愛犬とのコミュニケーションにも役立ちます。**

中医学に基づいたドッグ・マッサージ

ここで紹介するのは、中医学（東洋医学）の考え方に基づいたドッグ・マッサージ。中医学には「気」（生命エネルギー）という概念があり、気が体内を循環することで生命を維持し、体調を整えていると考えます。つまり、気がスムーズに体内を巡っていれば体調が良く、逆に気の流れが滞ってしまうと必要なエネルギーが体に行き渡らなくなったり詰まったりして、体の不調につながるとされているのです。

気の通り道は「経絡《けいらく》」と呼ばれ、その上に点在しているのが「ツボ」です。よく聞く「ツボマッサージ」とは、経絡に沿ってツボを刺激することで気の流れを良くし、体内の状態を改善しようというものです。

ダックスフンドによく見られる健康上のトラブルは次の通りです。

- ●椎間板ヘルニア・腰痛などの腰のトラブル
- ●皮膚・被毛のトラブル
- ●歯周病

ここではこの3つをピックアップし、改善に導くためのマッサージを紹介します。愛犬とのスキンシップを楽しむつもりで気軽にチャレンジしてみてください。

ただ、マッサージだけでは症状のコントロールや改善が難しいこともあります。少しでも異常を感じたら、自己判断せずに動物病院を受診しましょう。その上で、自宅でマッサージを行い、飼い主さん自身の手から愛情を伝えてもらうことが、愛犬にとって何よりうれしいことなのかもしれません。

マッサージの目的は
「体を正常な状態にする」こと。
ワンコが嫌がらないなら、
毎日やってあげてください

腰のトラブル

ダックスはとくに腰の健康に
気をつけたいところ。
ポイントをおさえましょう。

椎間板ヘルニアを発症しやすいほか、腰痛にも悩まされがちなダックス。腰の調子を整えるカギは、次の2つの経絡です。

督脈《とくみゃく》：お尻から背中を通って鼻先までをつなぐ経絡。

膀胱経《ぼうこうけい》：目頭〜背中〜お尻を通って後ろ足の外側〜小指の外側までをつなぐ経絡。督脈を挟むように、背骨に沿って内側と外側のラインがある。

腰とつながっている経絡を通る気の流れを促進し、足腰の健康維持や関節の働きをサポートします。

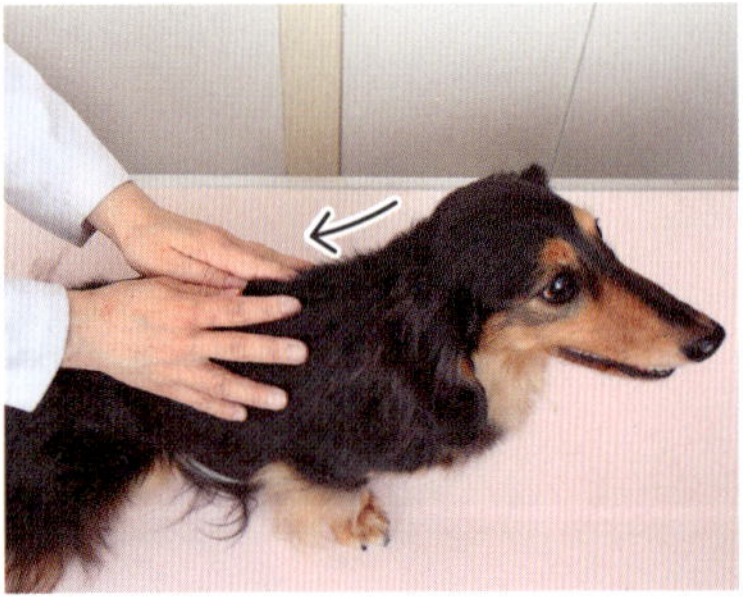

1 首からお尻まで、背骨に沿って手のひらで数回なでます。

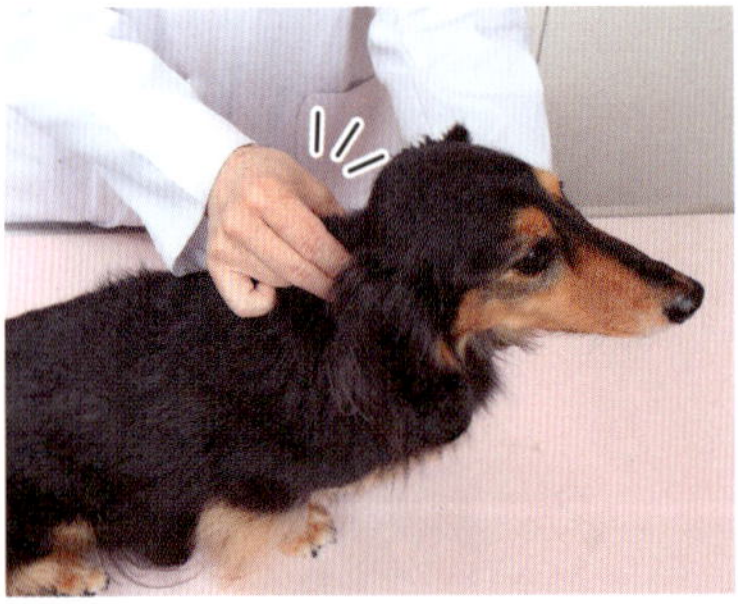

2 督脈を刺激します。首からお尻まで、数か所を親指、人さし指、中指の3本で軽く持ち上げます。背骨に沿って皮膚をつまむようなイメージで。

犬が
痛がるようなら、
無理せず
ほかの部位を
刺激しましょう

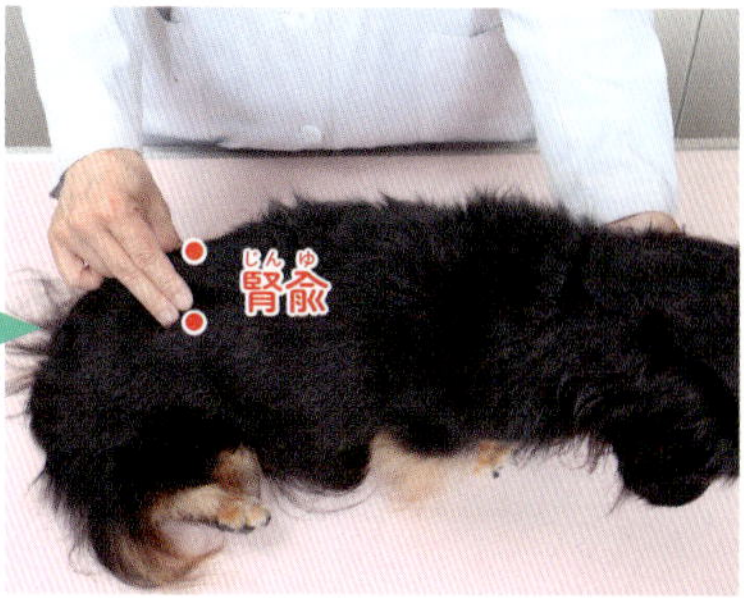

3 ②で重点的にマッサージしたいのが「腎兪」。骨と関節にかかわりのあるツボで、肋骨が終わるあたりの背中側にあります。

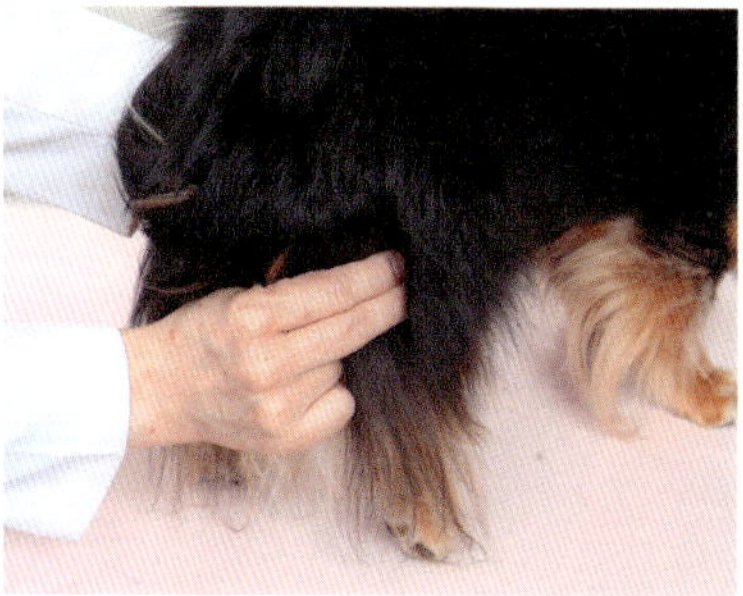

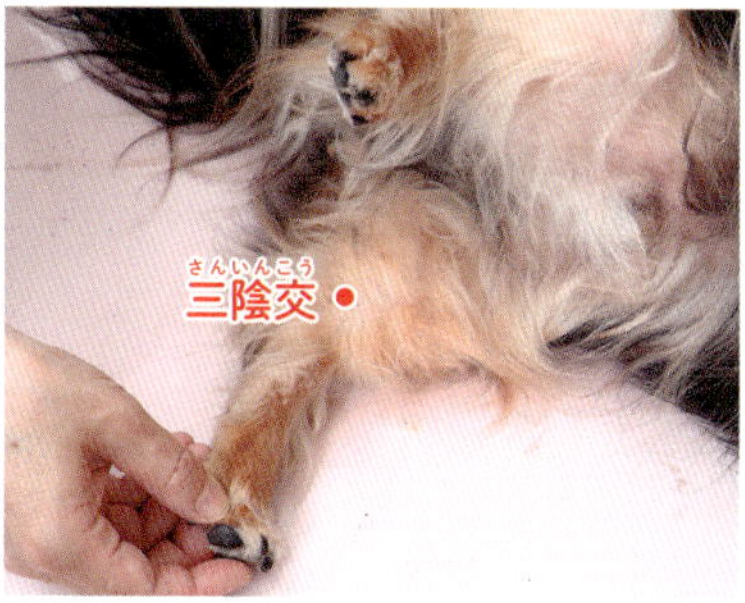

4 膀胱経が通っている後ろ足を刺激します。かかとよりやや上の中央にあるツボ「三陰交」は足腰だけでなく、皮膚・被毛の健康維持にも効果的です。

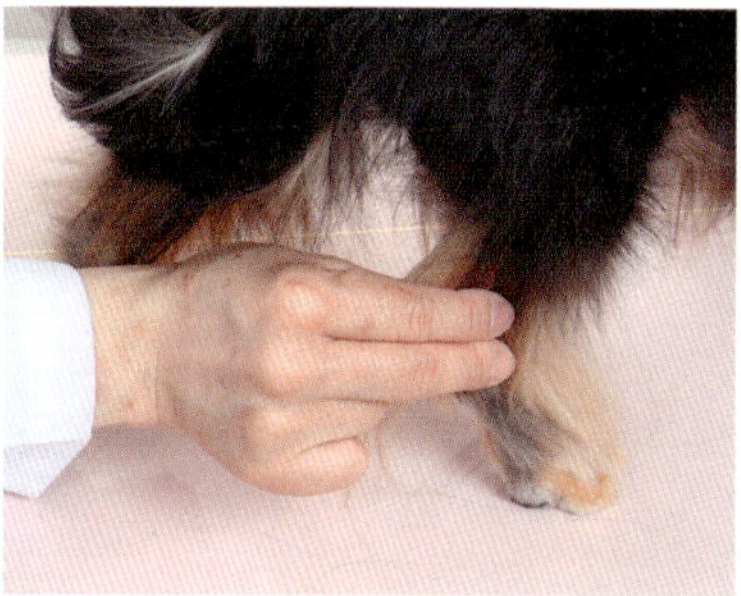

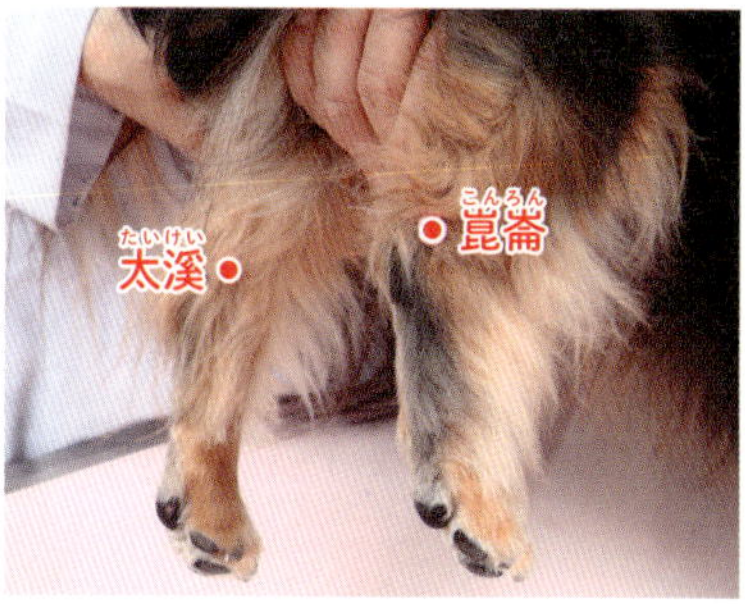

5 かかとのあたりには外側に「崑崙」、内側に「太溪」というツボがあります。この2つを親指、人さし指、中指の3本で挟んで軽くもみます。

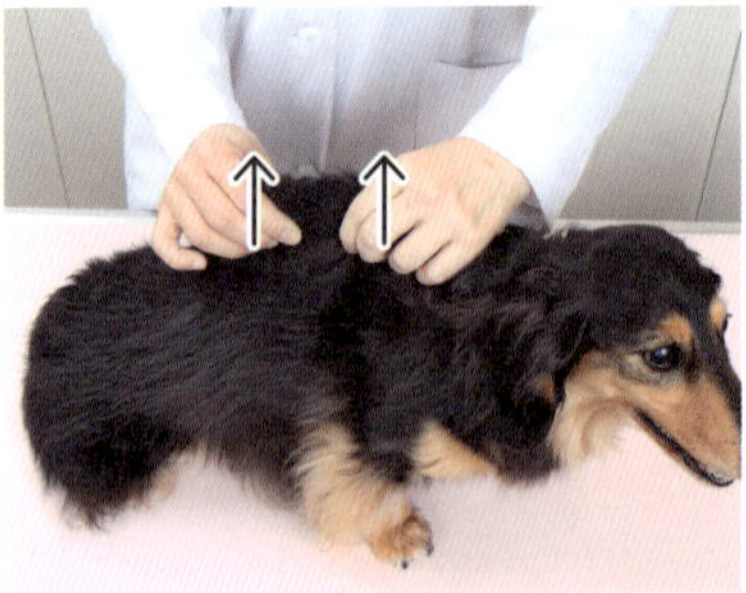

6 背中の皮膚を、背骨に沿ってピックアップ（皮膚を持ち上げる動作）します。

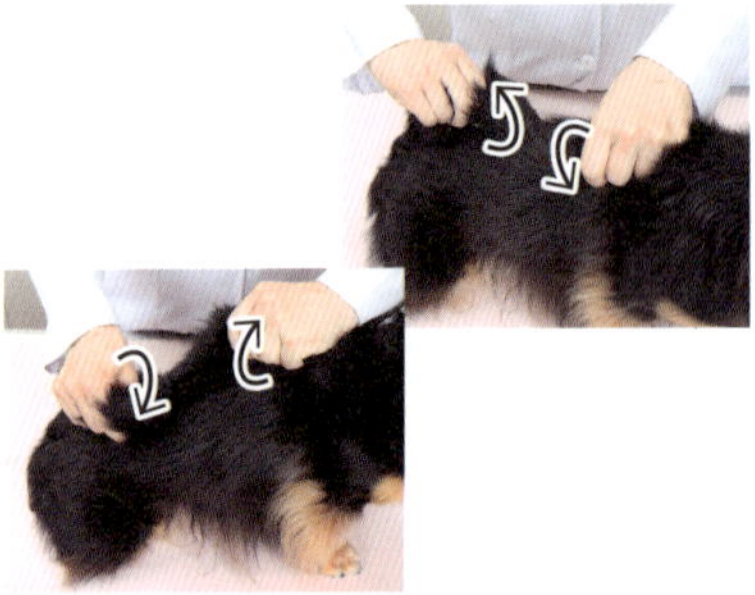

7 皮膚を持ち上げた状態で、両手の手首を左右にひねってツイスト（持ち上げた皮膚をねじる動作）します。

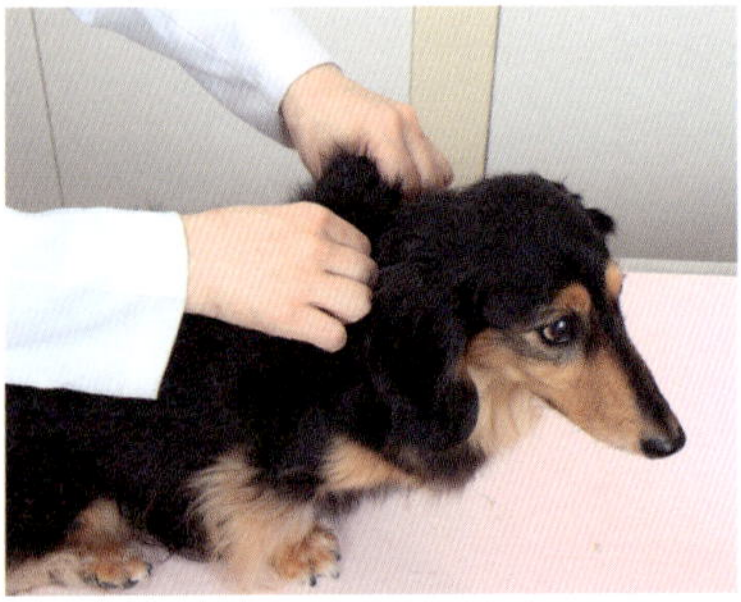

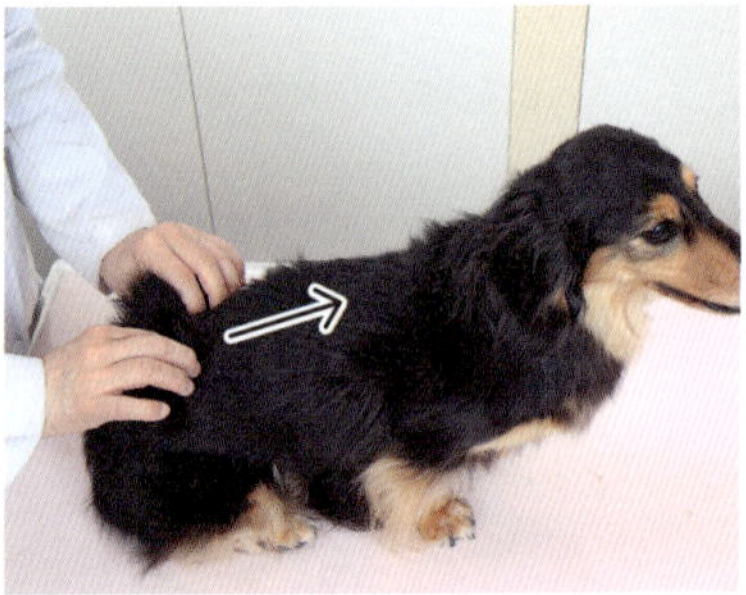

8 両手で腰の皮膚を背骨に対して垂直にピックアップ。親指以外の４本の指で首側の皮膚をたぐり寄せ、親指を上へスライドさせながら徐々に首元まで動かします。

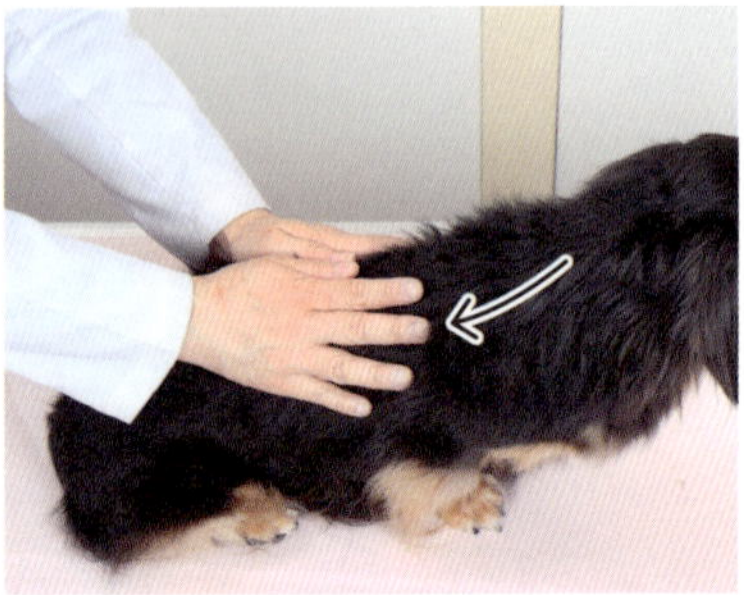

9 督脈と膀胱経を通る気を流します。①と同様に、首～お尻を手のひらで背骨に沿って３回なでます。

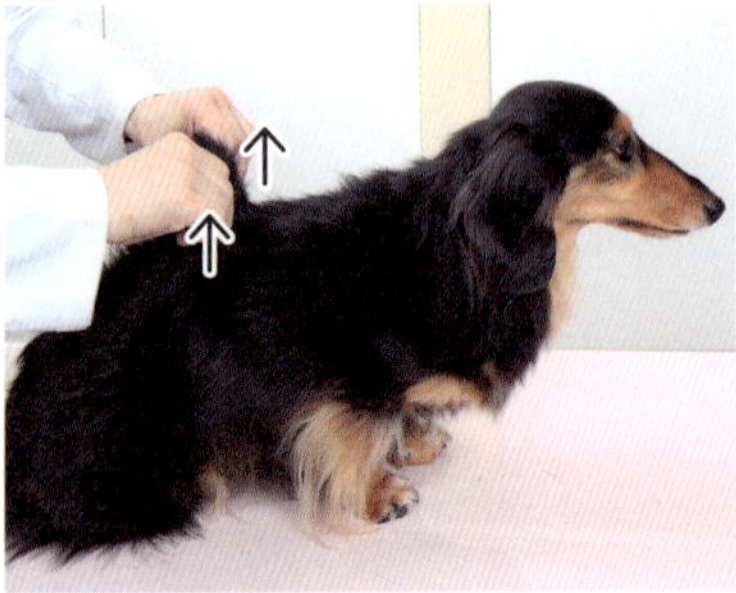

10 再度スキンローリングをします。今度はたぐり寄せる途中で何度か止めて、皮膚を上へ持ち上げる動作を加えます。

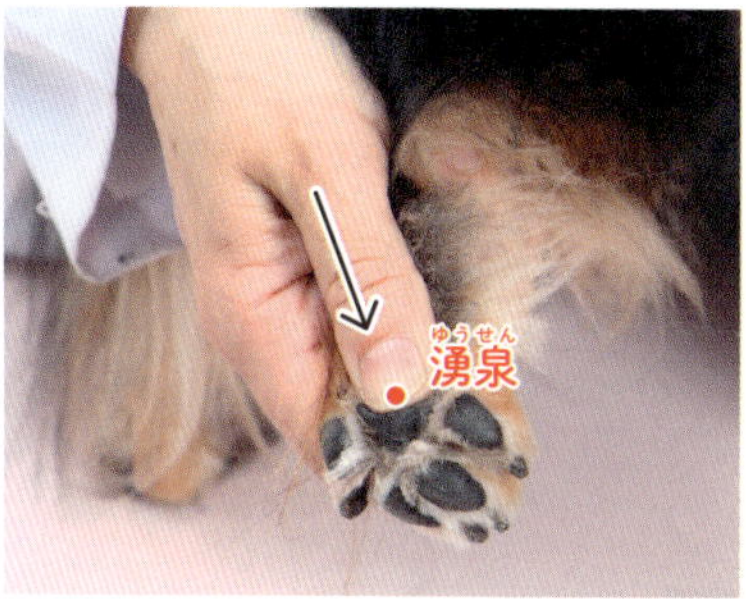

11 後ろ足のいちばん大きな肉球にある「湧泉」を、足先に向かい押して刺激します。3秒かけてゆっくり親指に力を入れ、3秒ストップ。また3秒かけて力を抜きます。

memo

⑨～⑩を1セットとし、2～3回ほど繰り返します。督脈と膀胱経での気の流れをスムーズにして、全身に気を巡らせるようなイメージでマッサージを。

皮膚・被毛のトラブル

血の流れを良くすることで、皮膚や被毛のトラブルを防ぎましょう。

皮膚病や脱毛、被毛のパサつきなどもダックスに多く見られ、「血虚《けっきょ》（血《けつ》の不足）」という状態になっていることが多いようです。ここでいう血には、血液だけでなく体調を整えるためのエネルギーのようなものも含まれると考えてください。血の流れが滞っていることを「瘀血《おけつ》」と言い、皮膚や被毛などのトラブルの原因となります。マッサージを通じて血を流す役割を担う肺（呼吸器）の働きを助け、全身に良いエネルギーを行き渡らせましょう。

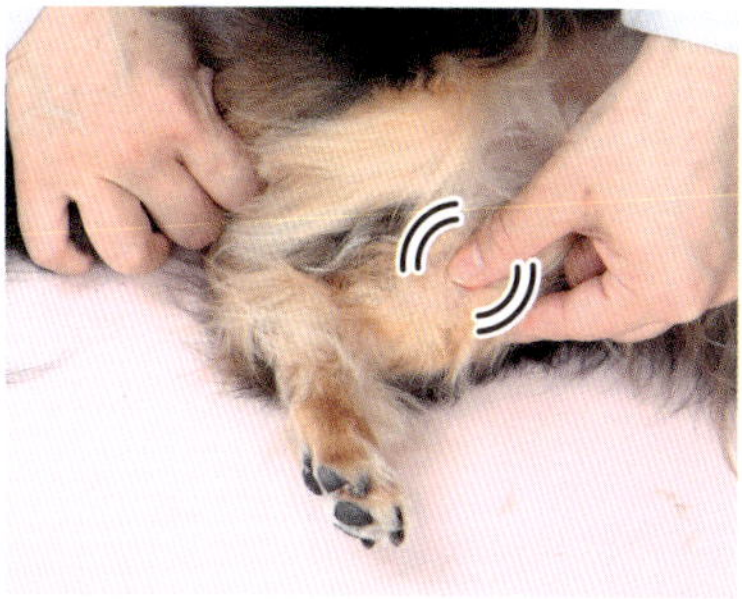

1 後ろ足のひざよりやや上の内側にあるツボ「血海」を刺激します。親指と人さし指で足を挟んでもみます。

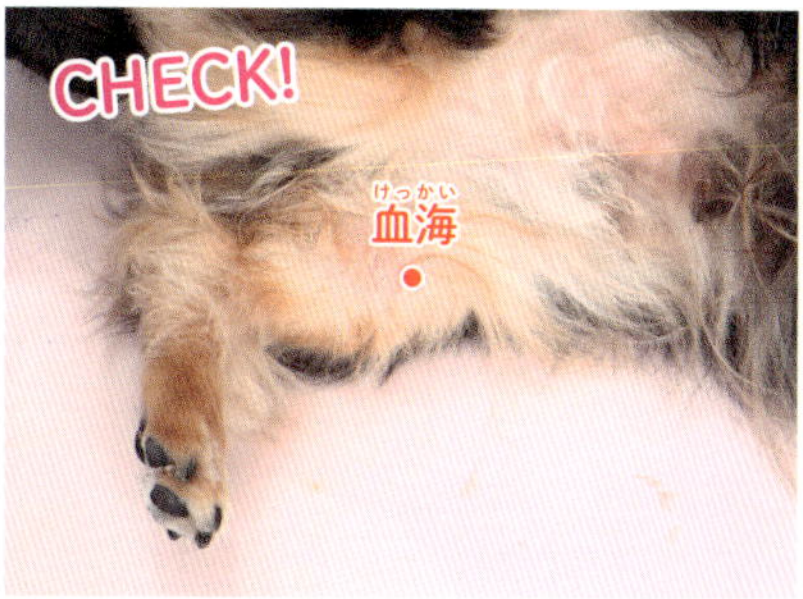

「血海」は「血がたまっているところ」という意味です。

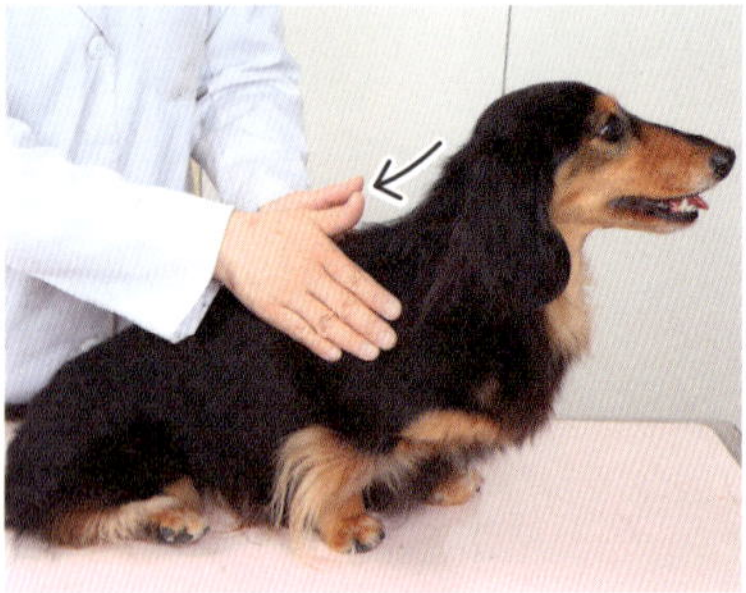

2

体の前半分を両手で挟むようにして、手のひらで前から後ろへ数回なでます。手を当てることで、体温で犬の体を温める効果も期待できます。

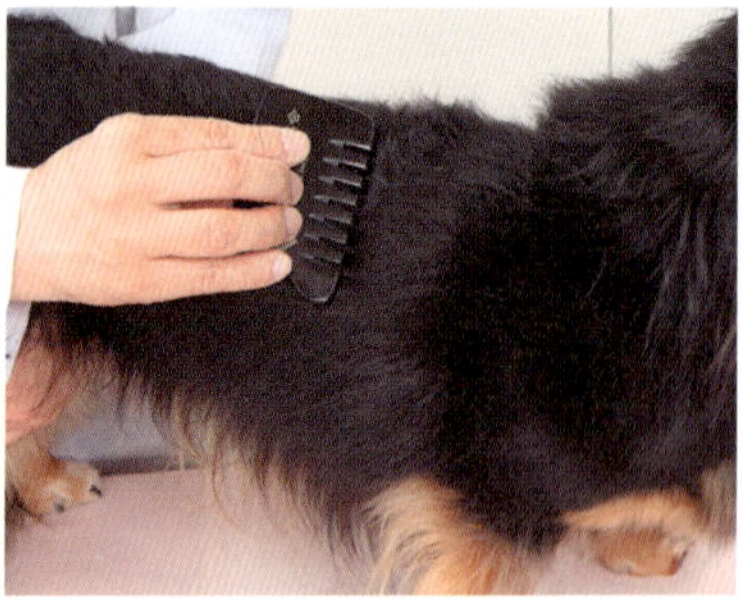

3

②と同じ部分を、今度はかっさ（血やリンパの流れを活性化させるために使う石やプレート）を使って上から下へ数回なでます。

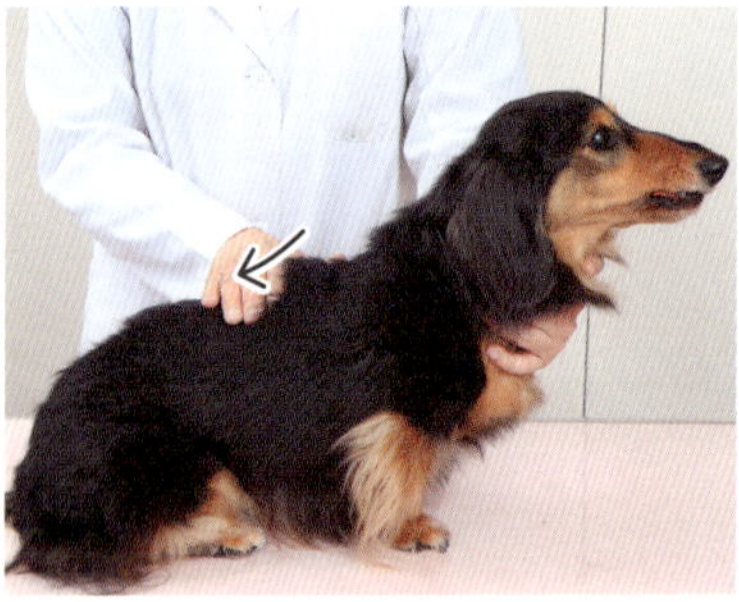

4

血をためる機能を持つ「肝」を刺激します。背中の中央あたりに手のひらを当て、前から後ろへ数回なでます。

POINT

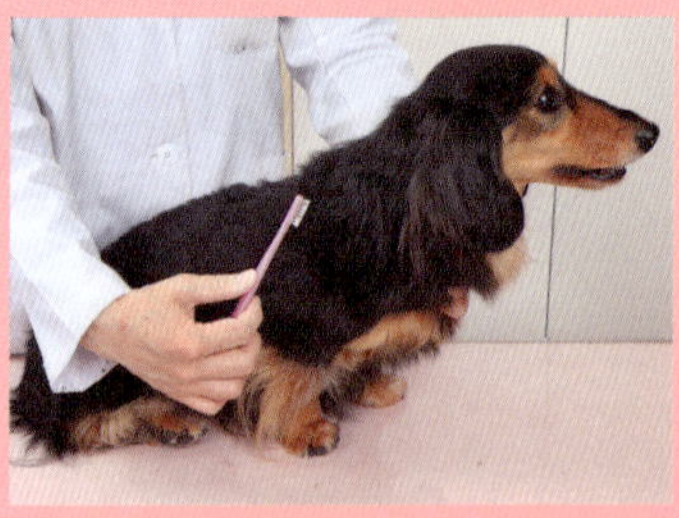

かっさは歯ブラシや靴ベラを代用してもOKです。

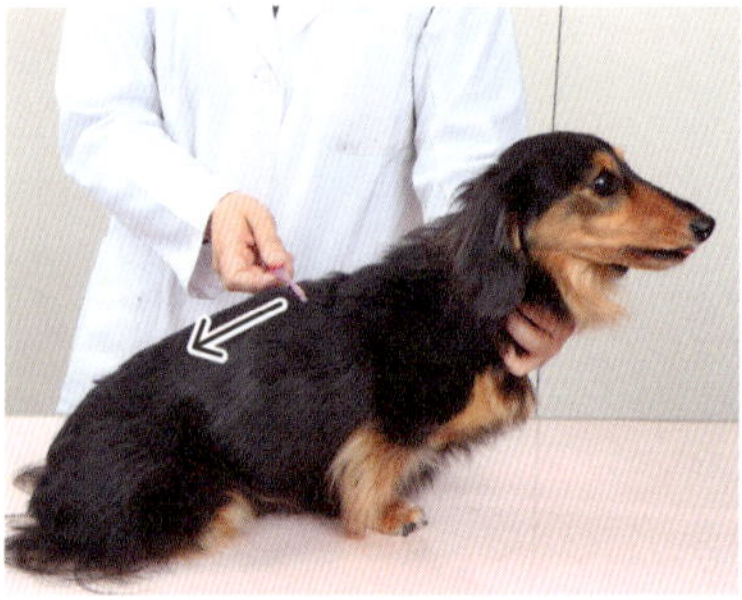

5

④と同じ部分を、今度は歯ブラシ(もしくはかっさ）を使って上から下へ数回なでます。

memo

手でマッサージをするときはもちろん、かっさなどの道具を使う場合はとくに力加減に注意。力を抜いて滑らせるくらいの気持ちで動かしましょう。

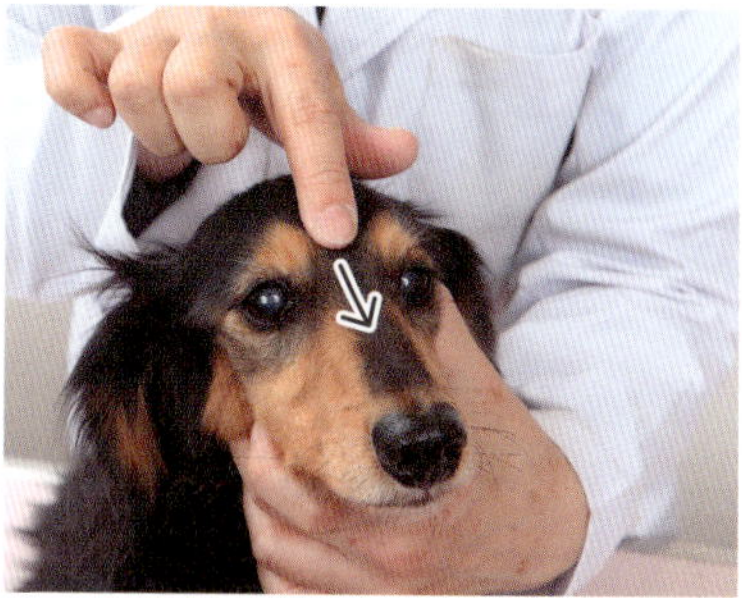

6 顔にも「肺」につながるポイントがあります。眉間から鼻先に向かって、人さし指でなぞるように動かします。

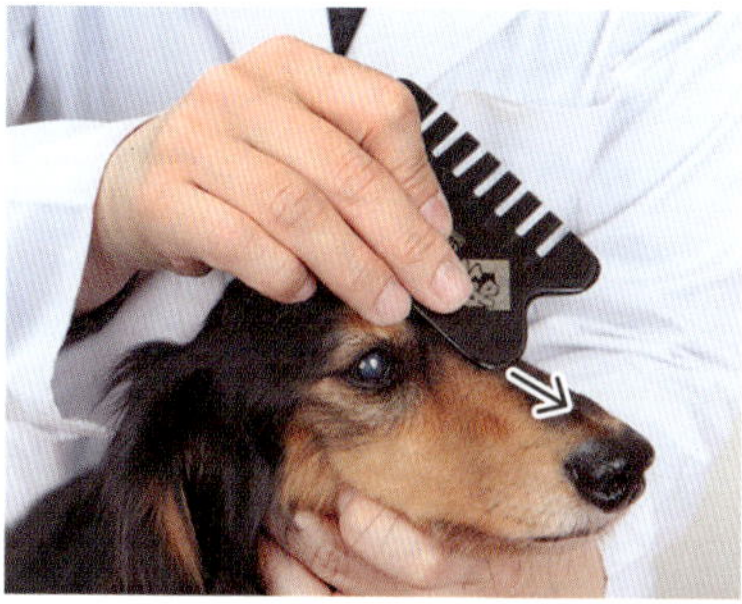

7 指だけでもかまいませんが、⑥と同じ部分をかっさや歯ブラシで刺激するのも効果的です。

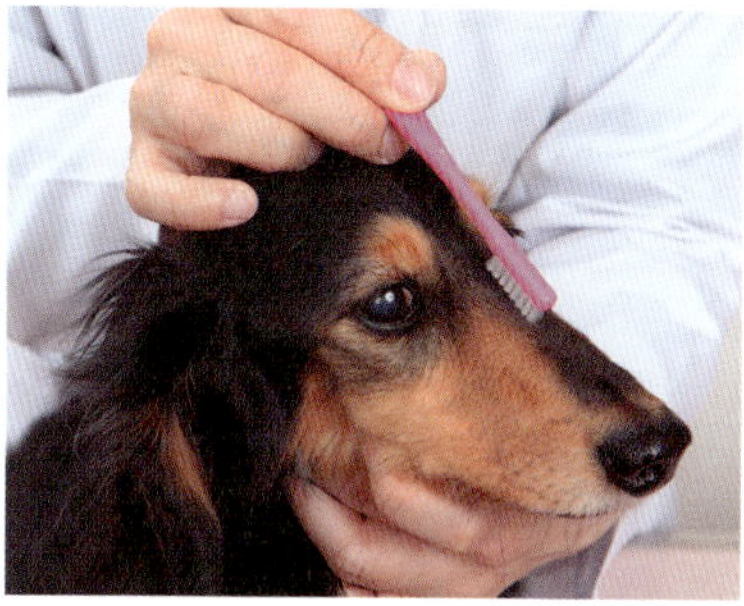

中医学には内臓を心、肺、脾、肝、腎の5つに分ける「五臓」という概念があります。「肺」は血を体じゅうに巡らせるために重要な器官。血をためる「肝」と合わせて、働きを活性化させるのにマッサージが有効です

歯周病

命にかかわる病気になることもある歯周病。マッサージでも予防効果が期待できます。

ダックスのように口の小さな小型犬で、注意が必要なのが歯周病。歯周病予防には、唾液の分泌量を増やすことが効果的とされています。「耳下腺《じか》」、「下顎腺《かがく》」、「舌下腺《ぜっか》」、「頬骨腺《きょうこつ》」の4つの唾液腺と上下2つの開口部（唾液の出口）を刺激し、唾液の分泌を促します。

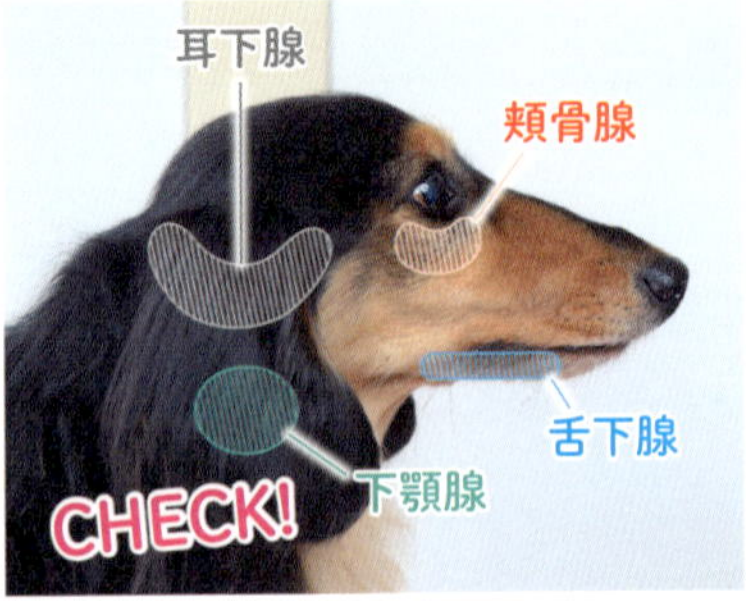

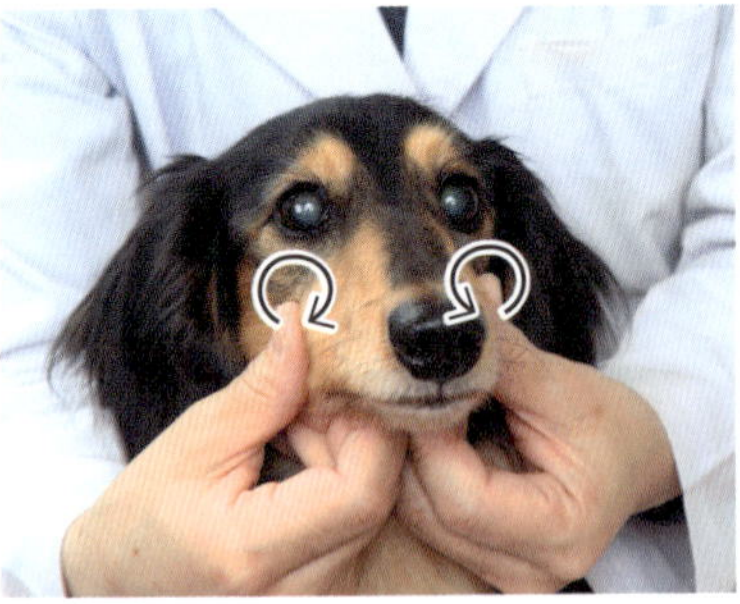

1 上の開口部を刺激します。上の犬歯よりやや後ろあたりを、親指で円を描くようにもみます。

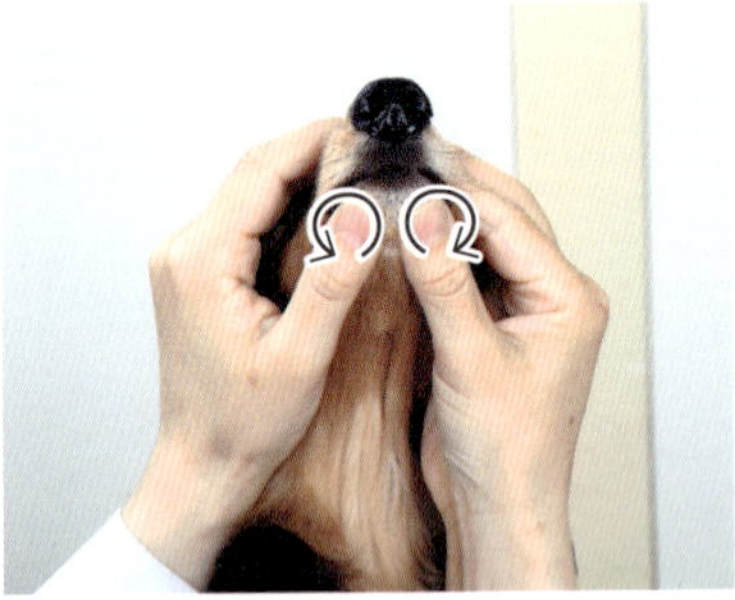

2 下の開口部を刺激します。下の犬歯のあたりを、外側から親指で円を描くようにもみます。

3 頬骨腺を刺激します。目の斜め下を、親指で軽く押したりもんだりします。

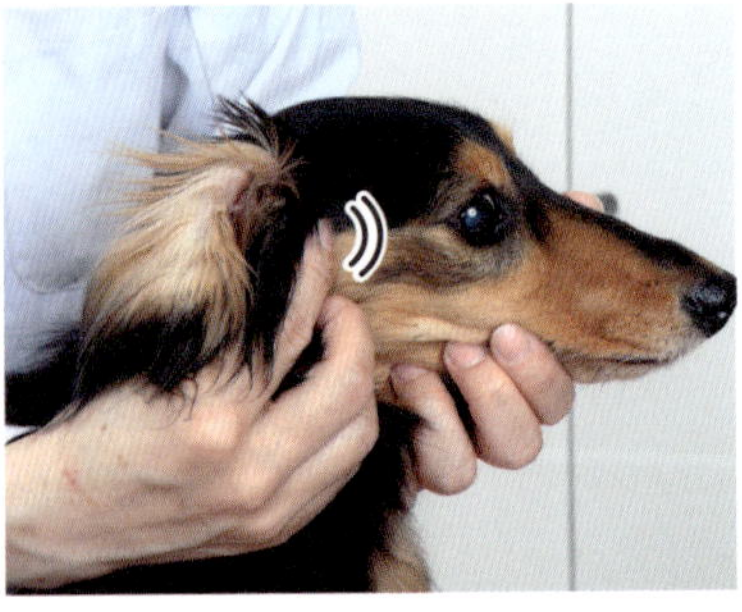

4 耳下腺を刺激します。耳の根元を手で挟んでもみます。

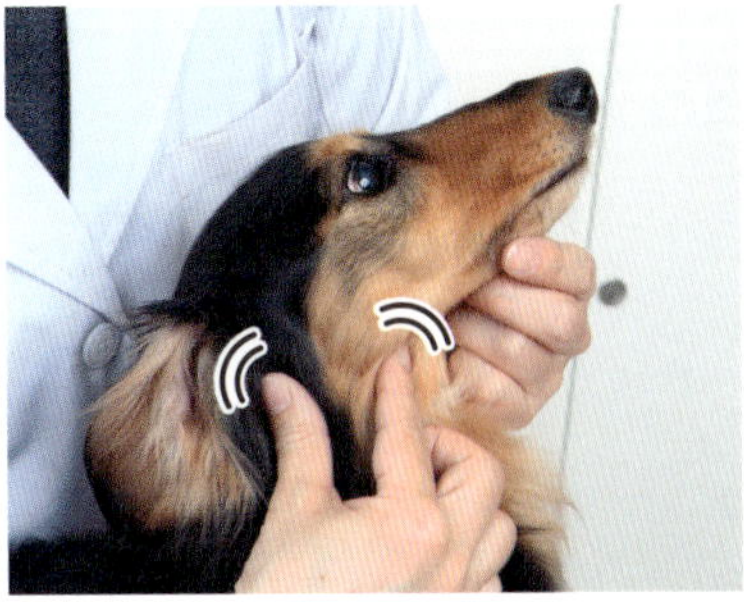

5
下顎腺を刺激します。④の耳下腺よりやや下がったところを親指と人さし指で挟んで軽く押したりもんだりします。

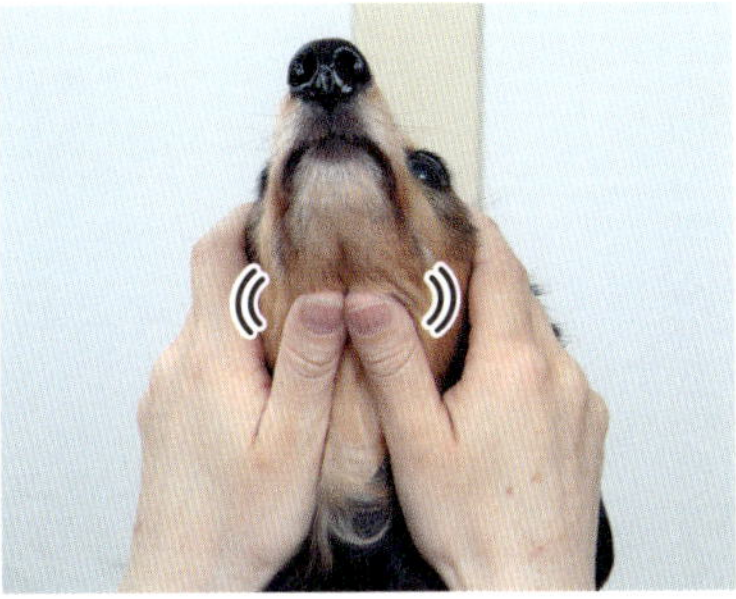

6
舌下腺を刺激します。のどのあたりを親指で軽く押したりもんだりします。

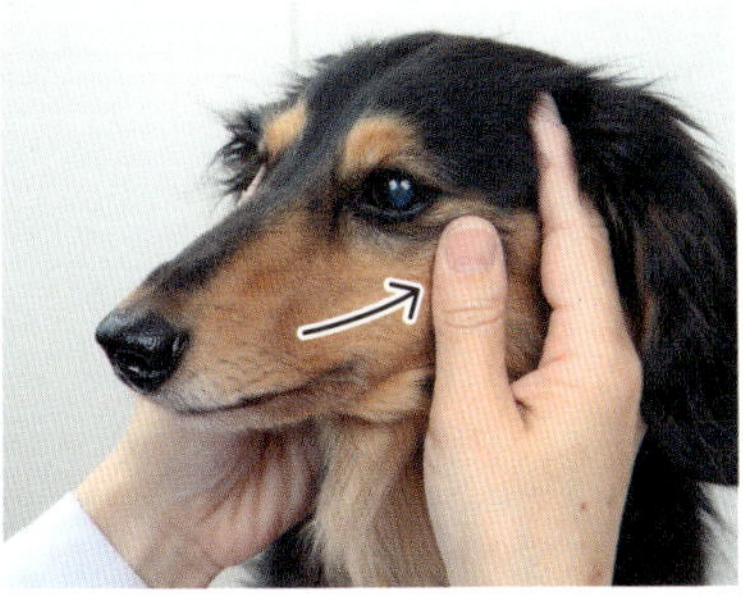

7
上の開口部と、頬骨腺・耳下腺を結ぶ導管を広げます。①の部分に親指を当て、指全体を使って頬〜目尻をなでるようにスライドさせます。

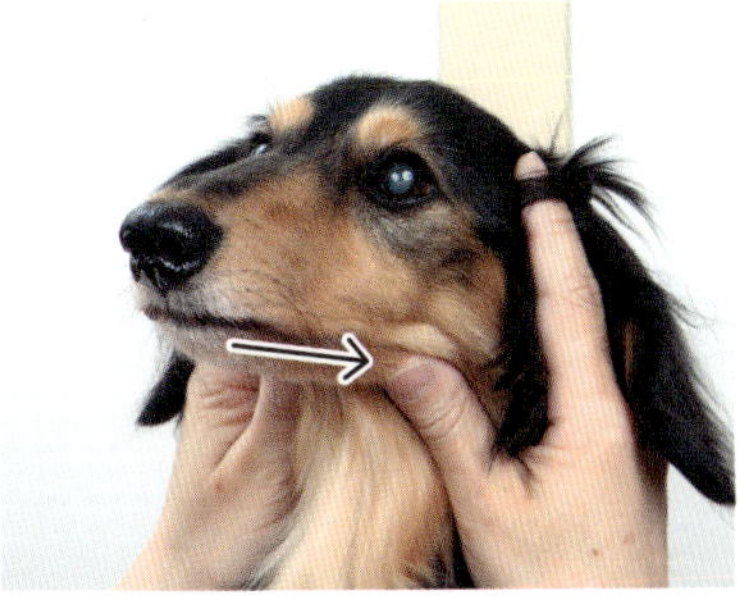

8
下の開口部と、下顎腺・舌下腺を結ぶ導管を広げます。②の部分に親指を当て、のどのあたりまでなでるようにスライドさせます。

POINT

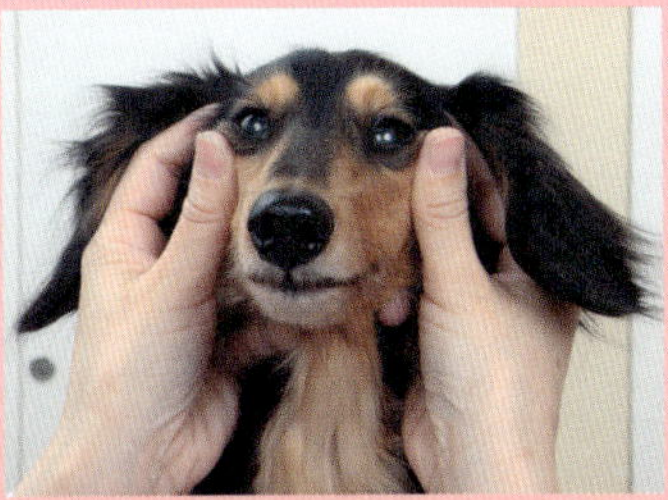

顔をマッサージするときには、誤って目に指が入らないよう、手のひらで顔を包むようにしてしっかり固定しておきましょう。

memo

マッサージで口の周りをさわられることに慣らしておけば、歯みがきも嫌がらなくなるはずです。

冷えは万病の元

体が冷えていると不調が出やすいのは、人間も犬も同じ。体が冷えている＝体内の気や血の巡りが悪くなっている状態なので、さまざまな不調を引き起こします。愛犬の足先をさわって冷たいと感じたら、飼い主さんの手で包んだり、軽くもんだりして温めてあげましょう。

自宅で手軽にできるのが足湯です。大きめのたらいに40〜41℃のお湯をためて浸からせると、先端からじんわりと全身に温もりが伝わります。体を温めれば免疫力増進にもつながるので、ぜひ試してみてください。

足腰につながる
経絡とツボを
刺激すれば、
腰を直接さわらず
症状の緩和を
目指せます

Part5

ダックスフンドのかかりやすい病気&栄養・食事

ダックスがかかりやすい病気についてわかりやすく解説します。注意したい病気とその対策、さらに栄養学の基礎と食事に関しても学んでいきましょう。

椎間板ヘルニア

**予防は難しいものの、早めに対処すれば
それほど怖い病気ではありません。
的確な判断をするために、症状と治療法を覚えておきましょう。**

遺伝性で急な発症も早期発見・治療が重要

椎間板ヘルニア（以下ヘルニア）は、脊椎にある椎間板という組織が脊髄を圧迫し、さまざまな神経症状が出る病気です。

ダックスフンドがヘルニアにかかりやすいのは「胴長短足で足腰への負担が大きいから」といわれますが、どちらかというと椎間板を含め軟骨全般が変性（構造や性質が変化すること）しやすい遺伝的特徴が主な原因と考えられています。そういう特徴がある犬種を「軟骨異栄養性犬種」と呼び、ダックスのほかにコーギーなどが含まれます。これらの犬種はヘルニアの発症率が高いというデータがあるのです。早期発見のためには、愛犬にヘルニアの兆候が見られないかふだんからチェックすることが大切。若く元気な犬が突然重症になるケースもあるので、油断は禁物です。

椎間板に脊髄が圧迫されて発症

椎間板は、背骨を構成する脊椎という骨（椎骨《ついこつ》）の中にあります。中心部に弾力のあるゼリー状の髄《ずい》核《かく》、その周りに繊維輪《せんいりん》という組織があり、衝撃を吸収することで脊髄という神経を守っています（図1～図3参照）。

この椎間板に何らかの原因で変性が起こり、脊髄が圧迫されて発症するのが椎間板ヘルニアです。ダックスのヘルニアは背中の真ん中あたり～腰の脊椎（胸腰椎《きょうようつい》）で最も頻繁に起こり、その次に多いのが首（頚椎《けいつい》）です。変性の起こり方によって、次の2種類に大きく分けられます。

Ⅰ型

椎間板が若いころから変性し、脱水を起こしてゼリー状の髄核が乾燥。衝撃吸収力が失われて繊維輪も弱くなる。この状態で脊椎に力が加わると繊維輪が破れて髄核が外に飛び出し、脊髄を圧迫する。ダックスではこちらが多い。

Ⅱ型

加齢に伴って椎間板が変性し、繊維輪が厚くなって脊髄を圧迫することで発症。成犬～シニア犬に起こることが多く、老化とともに悪化する。

このほか、事故などで背骨に強い衝撃が加わった拍子に椎間板が飛び出て脊髄を圧迫し、発症することもあります。

図1
脊椎の位置

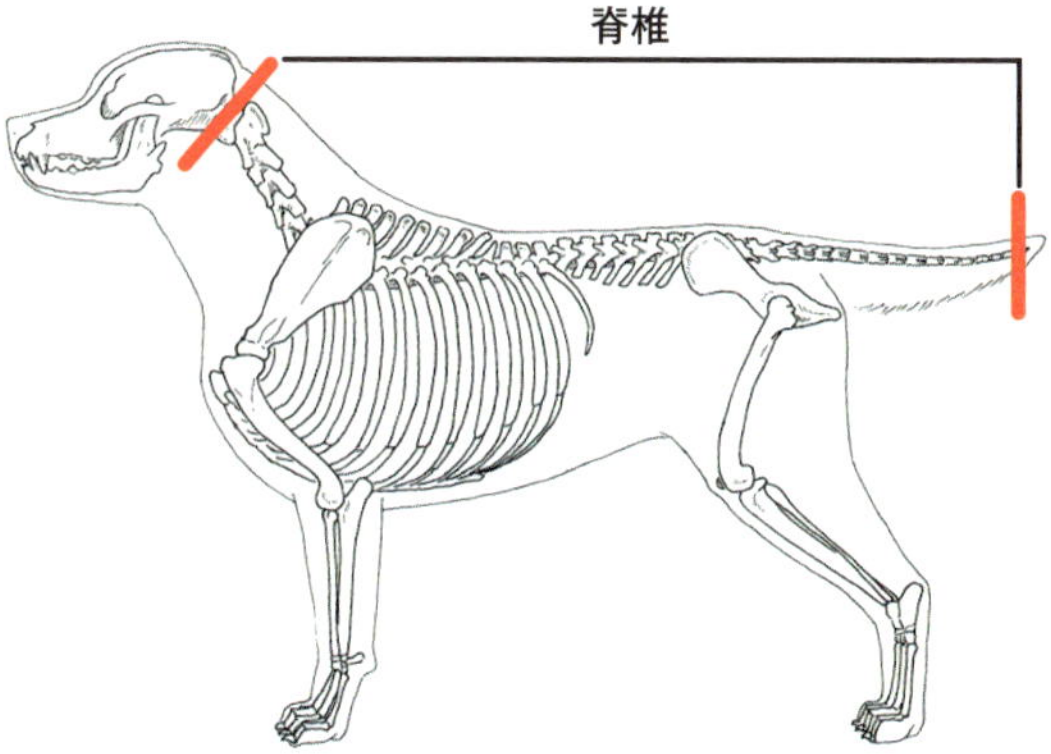

図3
椎間板の断面図

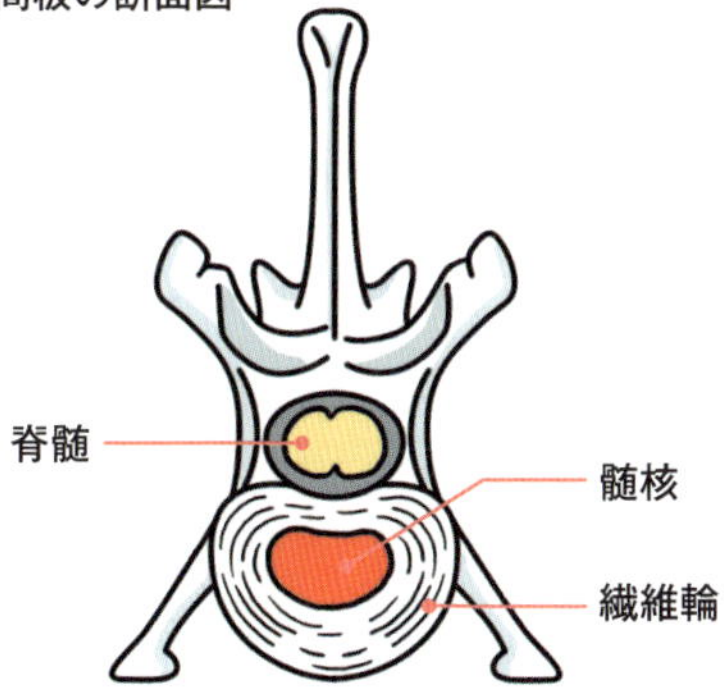

図2
脊椎の拡大図

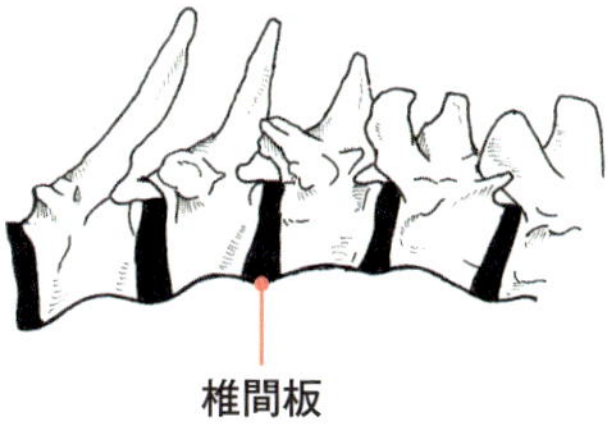

ほとんどは、
痛みを感じる部位が
脊髄圧迫のある位置です。
麻痺してわからないときは、
「足先で痛みを
感じ取れるか」を調べる
検査を行います

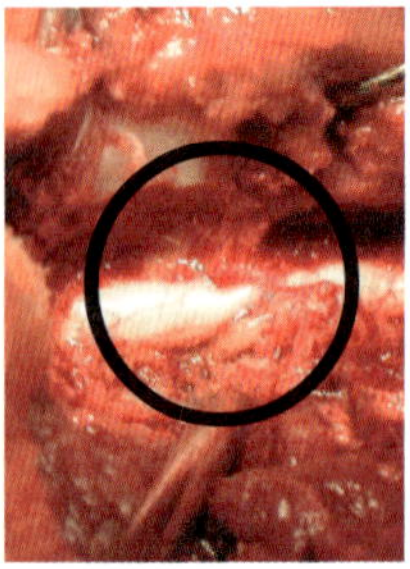

処置前

椎間板が脊髄（黒丸内の白い部分）を圧迫している状態（M・ダックスフンド）。

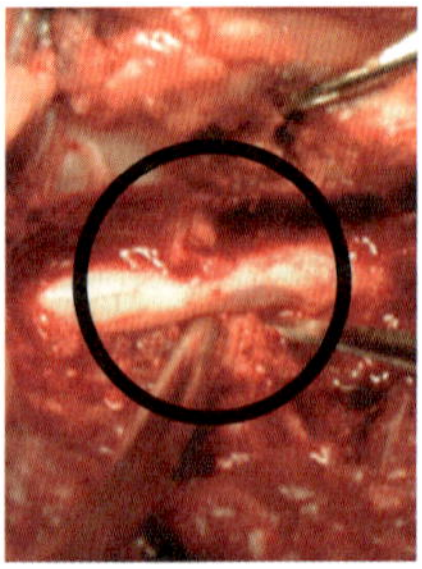

処置後

脊髄の圧迫がなくなった状態。

症状をもとに重症度を診断

脊髄が圧迫されると、激しい痛みや麻痺などいろいろな症状が現れます。表1と表2は、ヘルニアの主な症状を重症度（グレード）によって4～5段階に分けたもの。どの犬も1度からスタートするわけではなく、いきなり4～5度の症状が出ることもあります。

表1～2にあるようなサインが見られたらヘルニアの可能性があるので、念のため動物病院で診てもらいましょう。「歩けない」などひと目でわかる重い症状がない場合はまず問診と触診を行い、ヘルニアの可能性が高いと判断されたら次のような詳しい検査で患部や重症度をはっきりさせます。

レントゲン脊髄造影検査

脊髄の圧迫の有無、その状態、固定の必要性などを評価する。

CT脊髄造影検査

脊髄の圧迫の有無、脊髄周囲の骨格や全身の臓器を評価する。

MRI検査

脊髄の圧迫の有無、脊髄や脳の出血、炎症、浮腫（むくみ）、腫瘍などを評価する。

手術はハードルが高いので「重症化してからすればいい」と思いがちですが、ダックスの椎間板ヘルニアは温存療法で完治することは少なく、急に重症化することが多いもの。軽いうちに手術をすれば回復が早く、後遺症が残る確率も低くなります。

表1　背中と腰（胸腰椎《きょうようつい》）のグレードと症状

1度	脊椎痛	痛みのために背中を丸める姿勢をとる、動きたがらない、抱き上げたときに嫌がる
2度	歩行可能な不全麻痺*、運動失調	後ろ足に力が入らなくなり、ふらつきながら歩く、足先を引きずるため爪がすり減る
3度	歩行不可能な不全麻痺	２度の症状がさらに進む。自力で立ち上がれない、前足だけで進み、後ろ足を引きずるようになる
4度	完全麻痺	後ろ足としっぽが完全に動かなくなった状態。自力で排尿できず、吠えた拍子に尿が漏れることがある
5度	深部痛覚消失	後ろ足としっぽのすべての感覚がなくなる

＊不全麻痺……少しでも動く状態を指し、このなかで軽度・中等度・重度に分かれる。

表2　首（頸椎《けいつい》）のグレード

1度	首に激しい痛みがあり、首をすくめて動くのを嫌がる、急に悲鳴をあげる
2度	前足・後ろ足に軽い不全麻痺が起こり、歩けるがふらついたり転倒したりする
3度	前足・後ろ足に、起き上がることも歩くこともできない重い不全麻痺が起こる
4度	前足・後ろ足が完全に麻痺して動かなくなる。呼吸機能に障害が現れ、急死する恐れもある

軽い症状だと老化と区別が
つきにくいので、
動物病院での定期的な健診が
大切です

重症度をもとに治療法を選択

ヘルニアと診断されたら、グレードに応じてそれぞれ以下のような治療を行います。

足を動かせなくなる、痛覚がなくなるといった重い段階では温存療法による効果はほとんど期待できないため、外科手術で脊髄の圧迫そのものを治療する必要があります。ごく軽度なら温存療法でも問題ないかもしれませんが、悪化したらすぐに手術できるようにしておきましょう。

最近は、ヘルニアが起こりやすい範囲の椎間板すべてに処置を行って発症を未然に防ぐ予防手術という手段もあります。ただ、どの動物病院でもできるわけではないので、獣医外科の専門医に相談してみましょう。

がないかつねに気を配る必要があります。

主な対処法

外科手術

脊髄を圧迫している椎間板の一部を取りのぞいたり、椎体《ついたい》（椎骨の主要部）を固定したりといった処置を行います。椎間板ヘルニアは、グレード1～4度の段階で外科手術を受けた患者の約98％が回復したというデータがあります。軽症のうちに手術するほうがより早期の回復を見込める傾向があり、術後も後遺症（ふらつきや失禁など）が起きにくくなります。予防手術をしていないと、ほかの椎間板でヘルニアが再発する可能性もあるので要注意。

温存療法

犬を一定の期間（通常2～4週間）安静に過ごさせて、症状が治まるのを待ちます。状態が落ち着いても病気自体が治ったわけではないので、愛犬の行動に変化

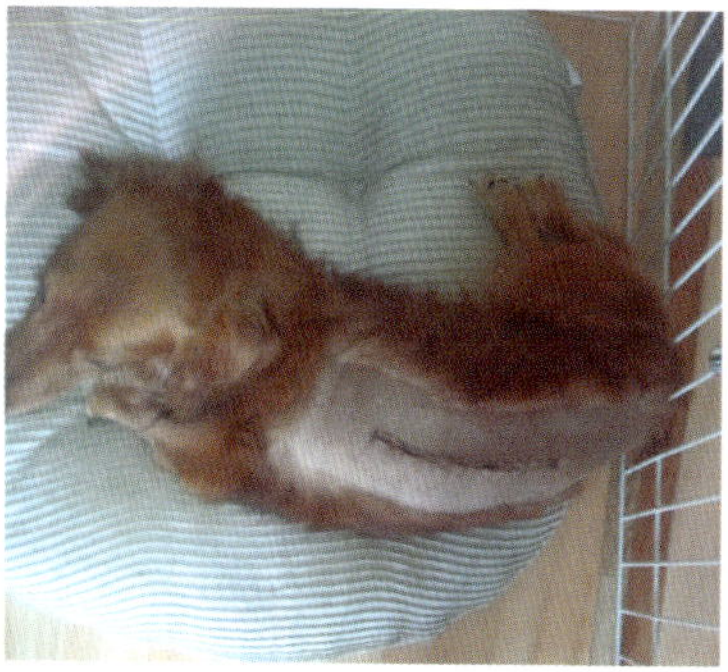

この犬は、背中のヘルニアを手術した際、周囲の予防手術も一緒に行いました（M・ダックスフンド）。

〝予防手術〟とは？

椎間板はひとつではないので、「1か所でヘルニアの処置をしたと思ったらまたほかの椎間板で発症した」という事態もあり得ます。それを避けるため、1回目の手術時に発症の可能性が高い椎間板すべてに、脊髄を圧迫しないようあらかじめ手を加えておくのです。犬と飼い主さんの負担を減らす手段として注目を集めています。

メリット

- 再発する確率が低くなる
- 飼い主さんの心配や犬への負担が減る
- 手術や検査を繰り返さずに済む
- 経済的な負担が軽くなる

100％予防
できるわけでは
ありませんが、
確率はかなり
低くなります

膝蓋骨脱臼《しつがいこつだっきゅう》

グレード2や3でかなりの痛みがあるはずなので、早い段階で外科手術を検討します。

原因と症状

膝蓋骨とは、「膝のお皿」といわれる楕円形の小さな骨のこと。大腿四頭筋、膝蓋腱、膝蓋骨、膝蓋靭帯《じんたい》、脛骨《けいこつ》粗面《そめん》とともに膝関節を構成しています。通常は大腿滑車溝というくぼみにはまっていて、移動することで屈伸運動がスムーズにできる仕組みになっています。

ところが、膝蓋骨が大腿滑車溝からずれることがあり、内側に外れた状態を内方脱臼、外側に外れた状態を外方脱臼と言います。多くのケースで、遺伝的な要因によって関節が成長する過程で脱臼しやすい構造になってしまう発達性（成長過程で徐々に異常が現れる）の疾患だと考えられています。

初期症状として運動中にスキップするような動きを見せる、後ろ足で蹴る動作をするなどが挙げられます。また、一時的な痛みで鳴く、しゃがみ込む、後ろ足を後方にぐっと伸ばす（自力で脱臼した膝蓋骨を元に戻そうとする）などの症状が見られる時期もあります。

さらに、脱臼した状態が長く続くと発症したほうの足が内側（外側）にねじれ、うまく踏ん張れずに走ったりジャンプすることができなくなります。足を使わなくなるので、筋肉の萎縮にもつながります。

診断と治療

触診によって内側・外側のどちらに脱臼しているか、グレードはどの段階かを診断（表を参照）。レントゲン検査によってどれくらい骨格が変形しているか、前十字《ぜんじゅうじ》靭帯断裂などほかの症状が出ていないかを調べることもあります。

基本的に時間が経つにつれてグレードが進行し、軟骨の損傷や骨格の変形が進みます。膝関節がねじれたまま放置していると、関節を構成するほかの部位に負荷がかかることも。とくに成長期の犬の場合は、骨の成長とともに骨格の変形も進んでしまうため、早期の手術が必要です。

症状のグレード

グレード 1	ふだんは正常な状態。指で押すと外れるが、自然と元に戻る
2	ふだんは正常な状態。指で押すと外れ、運動時に脱臼することがある。自然と元に戻るときと、そうでないときがある
3	つねに脱臼しているが、指で元に戻すことができる。大腿骨や脛骨の骨格に異常が見られる
4	つねに脱臼していて、指で押しても戻すことができない。脛骨が大きくねじれていることがある

膝蓋骨脱臼と診断された場合は、症状の程度や関節を構成する骨や組織の状態に応じた治療を検討します。手術の目的は以下の２つです。

①脱臼した膝蓋骨を大腿滑車溝上に安定させる

②膝の動きに重要な筋肉・靭帯を最適な状態に調整する

手術はその犬の症状に合わせて、いくつかを組み合わせて行います。

アウトドアの注意点

**愛犬とのお出かけは楽しいものですが、
出先で体調不良に見舞われる可能性も。
ここでは、とくにアウトドアで注意したい
健康トラブルの原因と対策について解説します。**

ノミ・ダニ

事前の予防と遊んだ後のケアが重要です。

市街地を散歩しているとノミ・ダニの被害にあうことは案外少ないかもしれませんが、お出かけ先が自然のなかだとそうはいきません。とくに春から秋はノミ・ダニが最も増えるシーズンです。

　ノミやダニに噛まれるとかゆいだけでなく、以下のような病気になる可能性があります。

●ノミアレルギー

ノミに噛まれたとき、体内に侵入したノミの唾液に対してアレルギーを起こす病気です。噛まれた部位だけでなく全身（とくに背中から腰）に発赤《ほっせき》や湿疹などの皮膚炎症状が現れ、強いかゆみが生じます。

●バベシア症

マダニの体内に潜む原虫の一種「バベシア」が吸血時に犬に侵入し、犬の赤血球に寄生して赤血球を破壊して貧血を起こす病気です。

●SFTS（重症熱性血小板減少症候群）

SFTSウイルスを保有するマダニに噛まれて感染する病気で、発熱・下痢・嘔吐を起こし、重症化すると神経症状から死に至ることもあります。人間も感染する病気で、西日本を中心に各地で発生しています。特効的な治療法はなく、人の死亡率が6～30％という怖い病気です。

　対策としては、ノミ・ダニの予防薬があるのでお出かけ前にはきっちり予防しておくこと。そして外で遊んだ後はブラッシングをして、体についたノミやダニを早めに取りのぞくことです。

乗り物酔い

旅行の移動手段は車、という
飼い主さんも多いのでは。

車に乗せると酔ってしまうワンコは結構いるようです。症状は、吐く、よだれを流すの2点。こじれたら脱水症状を起こしてグッタリすることもあるので、たかが車酔いとあなどれません。

満腹まで食べていると胃の内容物を吐きやすく、逆に空腹すぎると胃液を吐きやすいので、乗車前に少しだけ食べさせておきましょう。酔いそうなしぐさ（そわそわ落ち着かない、あくびを連発する）がみられたら、窓を少し開けて換気したり、車を停めて休憩したり外を歩かせたります。

動物病院には酔い止めの薬があるので、酔いやすいワンコなら処方してもらって往復2回分を持参し、乗車の30~60分前に飲ませるのも有効です。また、日ごろからたびたび短距離のドライブをして、車に慣れさせるのも良いでしょう。

レプトスピラ症

人獣共通感染症のひとつ。
水辺に行くときは注意しましょう。

「レプトスピラ」という細菌が原因の感染症で、人にも感染するため公衆衛生上も重要な人畜共通感染症です。保菌しているネズミの尿や汚染された水を口にすることで感染します。国内では7種の異なる血清型のレプトスピラ菌が病気を引き起こします。

主な症状としては、発熱、食欲や元気の消失などで、重症化して腎機能を損なった場合は腎炎や尿毒症を、肝機能障害を起こした場合は黄疸《おうだん》や嘔吐・下痢を引き起こします。レプトスピラ菌に感受性の高い抗菌薬で、早期に治療することで回復します。

対策としては、レプトスピラ対応の混合ワクチンを定期的に接種することが第一歩です。お出かけする際には、ワクチンの期限が切れていないかチェックしてください（前回接種から1年以内が目安）。それから、ネズミなど保菌動物がいそうな水辺や土壌にはなるべく近づかないようにすることです。

水中毒

夏場の楽しい水遊びは、
いろんな危険と
隣り合わせでもあります。

水は生きていくのに必須な物質で、体重10kgのワンコで1日だいたい500mℓの水分が必要です。しかし、過ぎたるは及ばざるがごとし。短時間で過剰に水を摂取すると、血中ナトリウム濃度が急に下がって体調を崩します。

これが「水中毒」と呼ばれる現象で、元気消失・ふらつき（運動失調）・嘔吐などがみられます。重症な場合は点滴などの治療でナトリウムを補給する必要があります。

対策として、水を一気に大量に飲ませないよう、こまめに与えるようにします。暑い時期に水遊びをさせるときは、知らないうちに遊びながら水を大量に飲みすぎることもあるので要注意です。犬用の経口補水液を用意して、塩分を補給するのも水中毒の予防としては有効です。

ケガ

ふだんと違う場所では、
予測もつかないことが
起きるかもしれません。

外出先は、室内と散歩コースだけの日々とは世界がまったく変わります。そこには思わぬケガをする危険性があちこちに潜んでいるのです。

具体的には、以下のような場所ごとのリスクがあります。

①自然のなか

山や川などでは、ガラスの破片や木片といったもので足裏を切ってしまったり、爪を引っかけたことで折れて出血したり、ムカデやハチなどの虫に刺されたり、何が起こるかわかりません。

②ドッグラン

ドッグランには、散歩でいつも会う仲良しメンバーではない、初顔合わせのワンコばかり。相性が悪い相手だとケンカになり、噛まれるなどしてケガをすることもあります。

③関節への負担

はしゃいで運動しすぎて膝や手首・足首の関節を傷めたり、首や腰の椎間板を傷めたりすることもあります。とくにダックスは、段差などにも気をつけてあげましょう。

対策は、飼い主さんが気をつけてあげること、この一点につきます。あとは日ごろから適度に運動して、ケガに強い体を作っておくことも大切です。

誤食

飲み込んだ物によっては、命にかかわる状況になることも。

外の世界には、ワンコにとって珍しくて魅力的なものがたくさん落ちています。思わずパクリと食べてしまうこともありがち。

実際にトラブルが起きた例としては、道端に落ちている傷んだ食べ物、バーベキューの食材、石ころ、木の実、野生動物の糞便などなど……。無害なものなら病気にはつながりませんが、誤食した内容によっては胃腸炎だけでなく中毒や腸閉塞を起こすこともあり、命にかかわる事態に陥ることもあり得ます。

対策は、「ケガ」と同様、飼い主さんが気をつけることがまずは大事。日ごろの散歩でも拾い食いする癖のあるワンコの場合は、とくに要注意です。

皮膚の病気

ダックスで意外と多い皮膚の病気。
よく見られるのは、脱毛や炎症などの皮膚トラブルのようです。

症状の現れ方をもとに病気を見きわめる

ダックスフンドは、ダブル・コート（被毛が二層になっていて通気性が悪くなりがち）、垂れ耳（内側が蒸れやすい）、四肢が短い（鼠《そ》径部《けいぶ》や陰部が蒸れやすい）といった皮膚の病気にかかりやすい特徴があります。そのため、日ごろから毛をかき分けて耳やお腹をチェックすること、ブラッシングなどのお手入れが必要になるのです。

一方で、遺伝や免疫（体内に入ってきた細菌やウイルスなど外敵を攻撃して体を守る働き）、ホルモン分泌量の異常によって起こる病気など、お手入れだけでは予防できないものもあります。ただ、それらは脱毛や皮膚の色素沈着（黒ずみ）が起こる程度で健康にはあまり影響がないケースが多く、見た目さえ気にしなければ問題なく過ごすこともできるのです。

注意したいのは、皮膚のバリア機能が落ちて細菌などに感染しやすくなったり、皮膚そのものをケガしやすくなるケースもあること。また、無菌性結節性脂肪織炎や甲状腺機能低下症など、皮膚以外の全身に症状が現れる病気もよく見られます。

気をつけていても、突然発症することが多いダックスの皮膚病。異常が見られたら早めに動物病院を受診して、背景にある病気を見きわめた上で対策を考えましょう。

ダックスの皮膚トラブル傾向

遺伝や免疫、ホルモンが原因で起こるものがあります。ふだんから健康管理に気をつけていてもかかってしまう病気は、とくに要注意。P90〜で紹介する特徴を頭に入れておくと、いざというときに判断しやすくなります。

愛犬に皮膚トラブルが起きたらどうする？

まずは動物病院を受診して原因の病気を突き止め、できる範囲で治療やケアを行います。皮膚と被毛以外への影響がなければ「あえて治療しない」という選択肢もあるので、獣医師とよく相談しましょう。

遺伝がかかわる病気

まずは皮膚の病気を3つ紹介します。

パターン脱毛症

特定の部位で左右対称性の脱毛が起こる病気。生後6か月齢前後から始まり、年齢とともに徐々に進行します。原因はまだわかっていませんが、遺伝によるものといわれています。皮膚と被毛以外に影響はありません。

症状

耳、首、前胸、腹部、大腿部の後ろなどで毛が抜け、抜けた後の皮膚で色素沈着が起こることも。炎症やかゆみ、フケはありません。

対処法

犬によってはメラトニンの内服薬で発毛につながるケースがあります。今後新しい治療法が見つかる可能性もあるので、獣医師と相談してください。

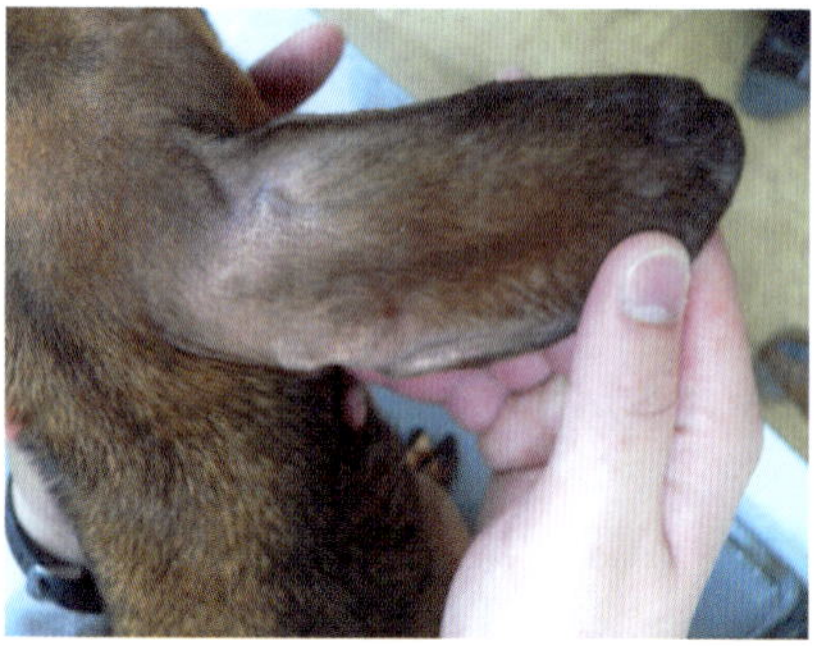

パターン脱毛症で毛が抜けた耳（M・ダックスフンド）。

淡色被毛脱毛症

ブルー（青灰色）やフォーン（淡黄褐色）と呼ばれる色の被毛が生えている部位で脱毛が見られる病気。そこだけが脱毛し、それ以外の被毛は影響を受けません。生後3～12か月齢のあいだに発症しやすく、ダックスでは「ブルー&タン」など2色の毛色の犬で起こりやすいといわれます。

症状

淡色被毛に一致した脱毛。皮膚を守るバリア機能が落ちて細菌に感染し、膿皮《のうひ》症（P92参照）を発症することもあります。

対処法

遺伝性なので、予防・治療ともに難しいとされています。ちょっとした刺激で毛が抜けやすくなっているため、ブラッシングやシャンプーも慎重に。膿皮症にかかった場合は、抗菌薬の投与などを行います。

エーラス・ダンロス症候群

遺伝性のコラーゲンの合成または繊維形成異常により、皮膚が薄くやわらかくなる病気。皮膚がもろくなったぶん、少しの刺激で切れたり破れたりするので要注意です。

症状

皮膚が薄くやわらかくなり、つまむと伸びるようになります。たるんだ皮膚がこすれて炎症が起き、かゆみや痛みが生じることも。皮膚の変化に伴い、関節が不安定になることもあります（関節弛緩）。

対処法

皮膚の変化を防ぐ（治す）ことは難しいため、ケガの予防と早期治療に努めましょう。犬自身が患部を引っ掻いてしまわないよう、炎症ができていないかこまめにチェックすることも重要です。

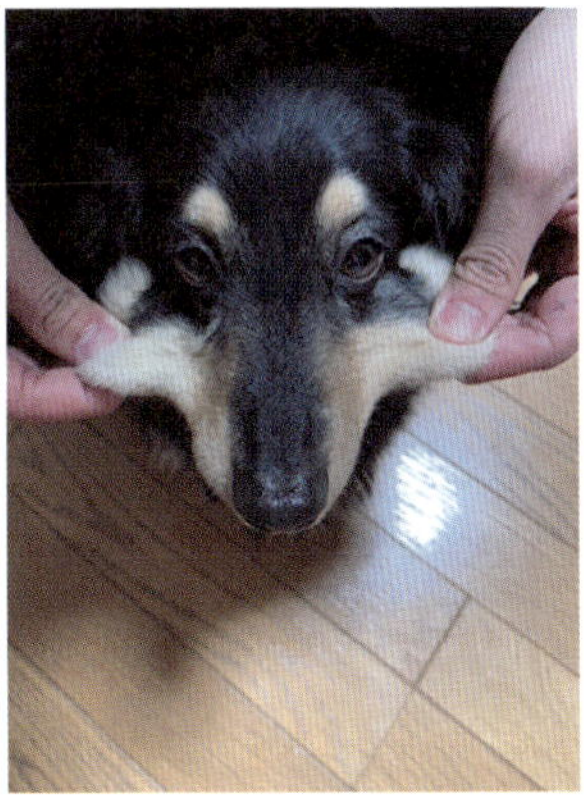

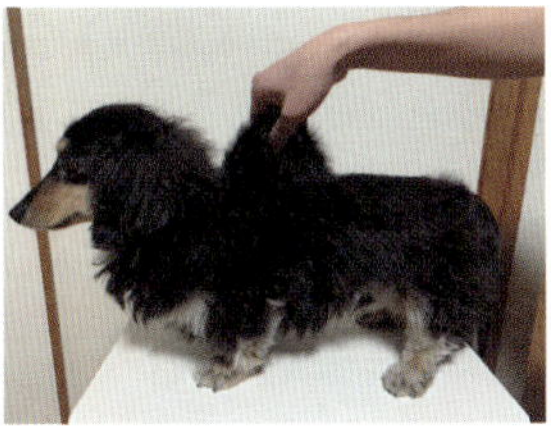

皮膚がやわらかくなり、つまむと大きく伸びるのが特徴です。

免疫異常がかかわる病気

日ごろから愛犬の様子をよく見て、早めに対処してあげましょう。

無菌性結節性脂肪織炎

皮下組織に無菌性で炎症性のしこり（直径数㎜～数㎝の病変）ができる病気です。原因は不明ですが、ステロイドなどの免疫抑制剤に反応を示すことから免疫介在性疾患（免疫の働きによって起こる病気）だと考えられています。

症状

結節ができるときに痛みを伴うほか、進行すると結節が潰瘍（皮膚の表面がただれて崩れた状態）となって黄色い膿が出てきます。同時に、発熱や食欲不振などの全身症状も起こることがあります。

対処法

結節が1つなら外科手術で取りのぞくこともできますが、複数の結節ができたり何度も再発する場合は、免疫抑制剤の内服薬で治療を行います。痛みがあるときや結節が潰瘍になったときは、ブラッシングなどで刺激を与えると悪化するので気をつけましょう。

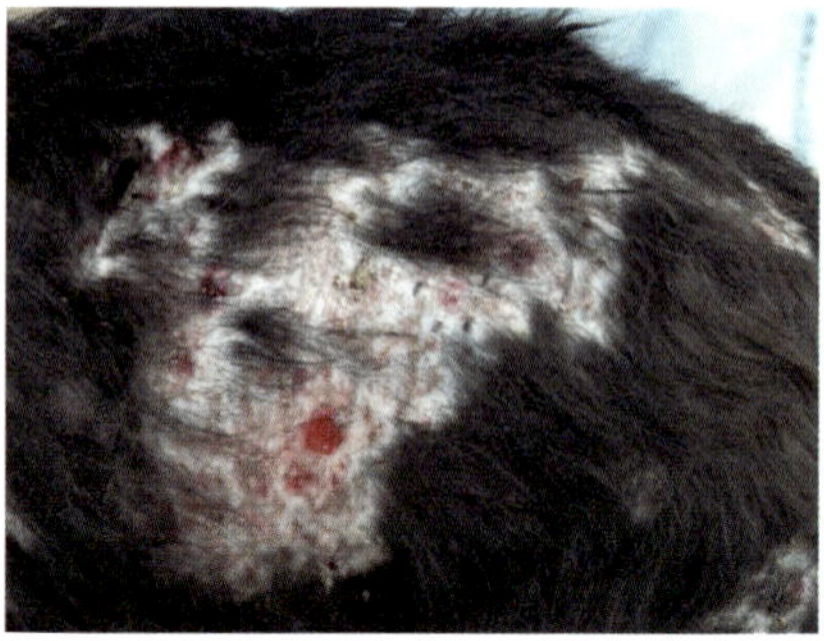

皮下にできた結節（M・ダックスフンド）。多発性で、いくつもの結節が同時にできています。

犬アトピー性皮膚炎

免疫が特定の物質（アレルゲン）に過剰に反応してかゆみなどの症状が出る現象がアレルギー。アレルギー反応をきっかけに引き起こされる皮膚のトラブルを、犬アトピー性皮膚炎と呼びます。アレルギー反応以外にも、皮膚のバリア機能の低下や皮膚の常在細菌の乱れが発症にかかわっているといわれています。また最近では、腸内フローラの乱れの関与も指摘されています。

症状

顔、耳、お腹、足などに強いかゆみを生じます。かゆみ以外では、初期は皮膚の赤みや丘疹《きゅうしん》（直径1㎝以下の発疹）、病気が慢性化すると脱毛や皮膚の色素沈着が見られます。また、皮膚のバリア機能が落ちて次のような病気にかかる二次感染も多いので注意が必要です。

膿皮症

ブドウ球菌などの細菌が過剰に増殖することで発症。皮膚の赤み、脱毛、湿疹などが起こる。

マラセチア性皮膚炎

皮膚にもともと存在していたマラセチアという酵母菌の一種が過剰に増殖し、かゆみや皮膚のべたつきが見られる。

対処法

アレルゲンを突き止めてそれを避けながらかゆみを抑え、二次感染を予防します。主な治療とケアの方法は次の通り。

かゆみの治療

- ●外用薬、内服薬（免疫抑制剤、分子標的薬など）
- ●減感作《げんかんさ》療法（アレルゲンを少量ずつ体内に入れて慣らす）
- ●インターフェロン療法（ウイルスに対抗するたんぱく質＝インターフェロンを投与する）

皮膚のバリア機能向上

- ●定期的なシャンプーとスキンケア（保湿）
- ●生活環境を清潔にする
- ●乳酸菌のサプリメントなどを服用して腸内環境を整える

スキンケアですべての皮膚病を予防することは難しいですが、バリア機能を高めて二次感染を防ぐには有効です

ホルモン異常がかかわる病気

薬を投与する、薬用シャンプーで洗うなどの方法で対処します。

甲状腺機能低下症

甲状腺は、代謝を活発にする甲状腺ホルモンを分泌する器官。その機能が低下して甲状腺ホルモンの分泌量が減ると、元気がなくなる、顔つきがぼんやりする、脱毛、肥満、寒がりになるといったさまざまな症状が出ます。

症状

皮膚症状は、鼻梁《びりょう》やボディ、しっぽの脱毛、皮膚の色素沈着と肥厚（厚くなる）、乾燥、細菌感染など。前述の全身症状と同時にこれらのサインが見られたら、甲状腺機能低下症の可能性が高いと言えます。

対処法

内服薬で甲状腺ホルモンを投与します。完治する病気ではないため、生涯にわたる投薬が必要です。定期的な検査を受け、状態に合った薬の量と回数を見きわめましょう。過剰に投与すると甲状腺中毒症になる可能性もあるので注意して。

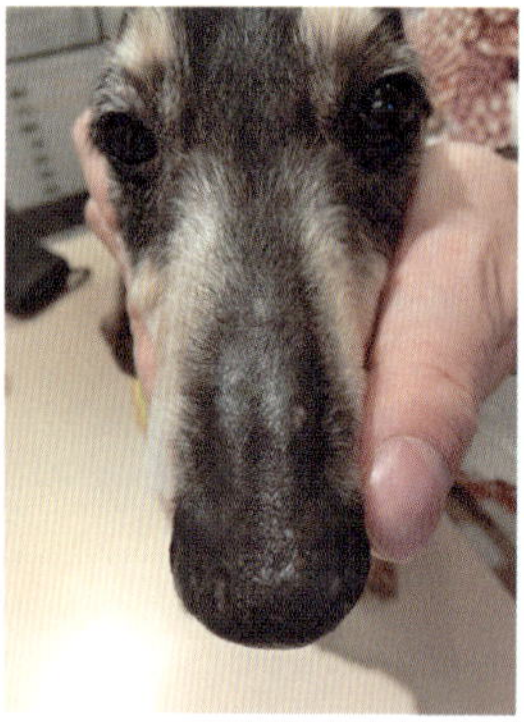

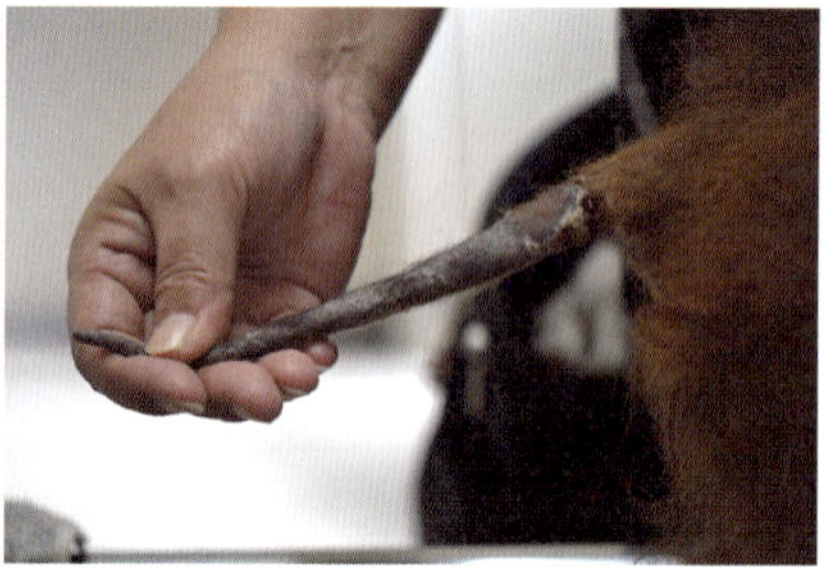

甲状腺機能低下症で毛が抜けたしっぽと鼻梁（M・ダックスフンド）。

耳介《じかい》辺縁皮膚症

血流が滞ることで耳の縁に脂性の角質がたまり、脱毛などが起こります。遺伝やホルモン異常などがかかわる脂漏《しろう》性疾患（皮脂の分泌や代謝の異常などによって起こる病気）で、耳縁以外の皮膚に影響はありません。耳が大きな犬に多く見られます。

症状

耳の縁がかさぶたのように硬くなる、縁に沿って脱毛するなどの症状がみられます。進行すると硬くなった部分にひび割れができたり、違和感を持った犬が耳を引っ掻いて切り傷ができることも。

対処法

予防は難しいため、早めに気づいて進行を遅らせることが重要です。治療法は角質を溶かすシャンプーで洗って保湿する、ステロイド薬・ビタミンE・免疫抑制剤の投与など。角質が固まっているときは、シャンプー前に耳縁をぬるま湯に5〜10分浸してから処置します。

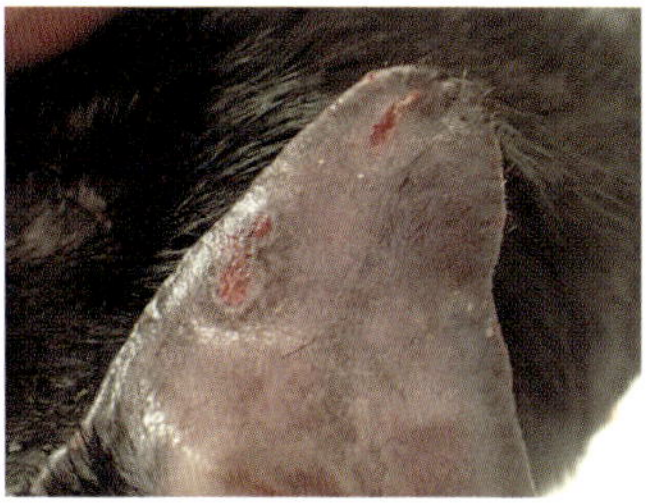

耳介辺縁皮膚症で脱毛した耳縁(チワワ)。赤い切り傷ができています。

どの薬や
シャンプーが
合うかは、
犬によって異なります。
獣医師に相談の上
試しましょう
OWERS
&
ARDEN

熱中症

熱中症は命にかかわる病気ですが、飼い主さん次第で防ぐこともできます。どのような対策をするべきか学びましょう。

熱中症はどんな病気？

熱中症とは、暑い環境下に長時間いたり運動したりすることで、体温の調節がうまくいかず体に熱がこもった状態のこと。高体温のほかにぐったりする、息が荒い状態が続くなど、さまざまな症状が見られます。重症になると多臓器不全に陥り、短時間で命を落としてしまうこともあるのです。

熱中症の発生条件は「環境」と「体」と「行動」の3つです。暑い日に激しい運動をしたり、直射日光のあるところに長時間いたり、暑い室内や車内に閉じ込められたりした場合に発生しやすいと考えられています。

人間の場合は、暑さの目安として暑さ指数（湿球黒球温度：WBGT）が使われています。暑さ指数とは気温、湿度、輻射熱《ふくしゃねつ》（建物、機械などから出る熱）の3つを取り入れた熱中症の危険度を示す数値。熱中症対策において重要なのは、気温だけではないのです。

また、一般的に「気温」といわれる数値は人間の顔の高さ付近の温度のことですが、ダックスのように地面に近い犬は、輻射熱の影響で人間が感じているよりも暑い場所にいることを覚えておきしょう。

熱中症かも？と思ったらすぐに病院へ

動物が自らの体温を下げるには、呼吸数を増やして熱を外に出す方法と、汗をかいてその蒸発時に体の熱を奪う方法（気化熱）があります。しかし、犬は分泌型汗腺（エクリン腺）が足の裏にしかないため、気化熱による体温調節ができません。さらに保湿効果の高い毛で全身がおおわれているため、人よりも暑さに対抗する能力がかなり低いのです。

犬の熱中症は動物病院に運ばれた時点ですでに重度の場合が多く、数時間～2日間以内に亡くなってしまうことも少なくありません。熱中症は、循環障害や呼吸障害、腎障害などの合併症を引き起こし、多臓器不全から命を落としてしまったり、助かったとしても後遺症が残ってしまったりします。軽症のうちに気づいて治療をすることが何より重要なので、少しでも疑われる場合はすぐに動物病院を受診しましょう。

〈熱中症の症状〉

気温や湿度が高い日にこのような症状が見られたら、すぐに動物病院へ。

動き

- □ 動くのを嫌がる
- □ ふらつく
- □ ぐったりしている
- □ けいれんをする

見た目

- □ よだれが増える
- □ うつろな目でボーッとしている
- □ 舌や歯茎の色が赤紫色になる

その他

- □ 体温が高い
- □ 吐く
- □ 焦茶色でドロドロの下痢をする
- □ ふだんよりも脈が速い（頻脈）、あるいは遅い（徐脈）
- □ 意識がない

呼吸

- □ 浅くて激しい呼吸をし続ける（パンティング）
- □ 舌を出して苦しそうに呼吸をする
- □ 呼吸をするときにゼーゼーする
- □ のどが詰まったような音がする

赤字の症状は
とくに危険な状態です

応急処置

少しでも疑わしい症状が
見られたら、
なるべく早く動物病院へ。

首、脇、後ろ足の付け根を冷やす

保冷剤や濡れタオルで、太い動脈の通っている首や脇、後ろ足の付け根を冷やしましょう。動物病院に着くまでは、保冷剤を入れたタオルやネッククーラーで首を冷やしてあげると良いでしょう。巻くときは強く絞めすぎないよう注意して。

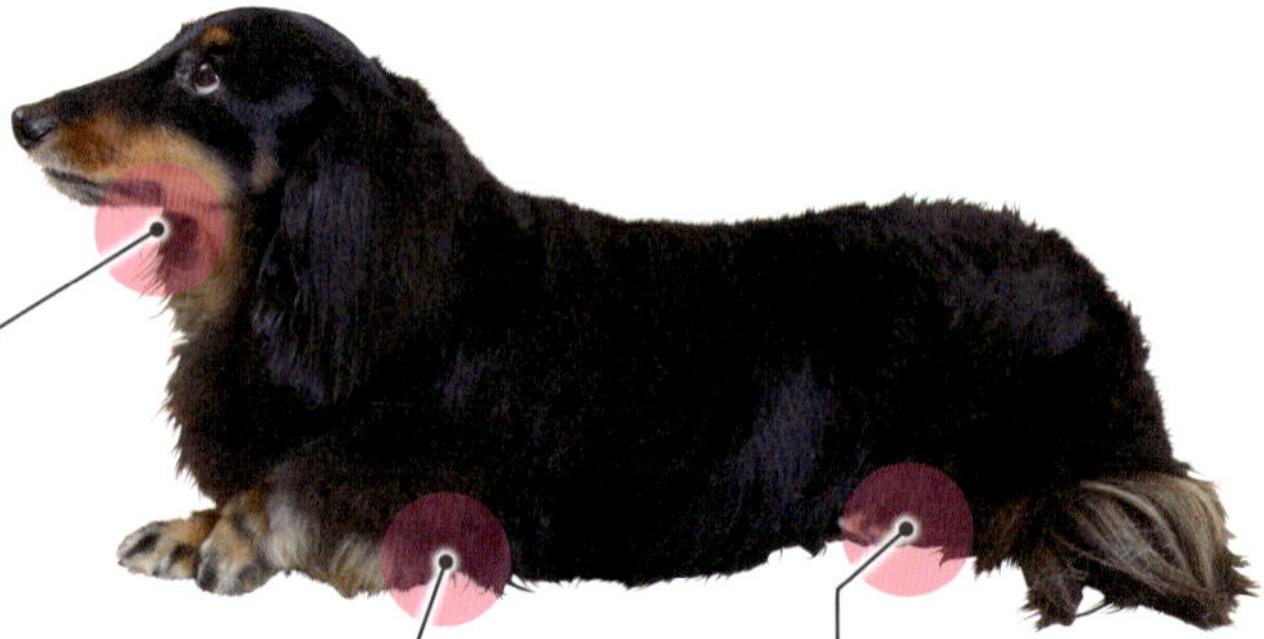

体を常温の水で濡らす

汗の代わりに水で濡らして、気化熱で体の熱を奪いましょう。ただし、冷たい水で全身を濡らすと末端の細い血管（末梢血管）が収縮してしまうため、必ず常温の水を使います。また、乾かなければ気化熱で熱を下げることはできないので、風通しの良い場所で行ってください。

水分を摂らせる

保冷材や濡れタオルで体を冷やしてから、水を飲ませましょう。体を中から冷やすことが目的ではないので、冷たい水でなくてもかまいません。また、犬は汗をかかないので、人間のように電解質が失われることがあまりありません。そのため、基本的には水道水で十分です。

おうちでの対策ポイント

室内でも熱中症になることが。油断せずに対策しましょう。

冷房の設定温度は25～26℃に

犬にとって快適な室温は25～26℃くらいです。少し寒いと感じる人もいるかもしれませんが、健康な犬であればこの温度で冷えることはほとんどありません。人間には少し肌寒いくらいが犬にとっては心地良いのです。ただし、犬の状態によって推奨する設定温度は変わることがあるので、心配な人はかかりつけの獣医師に相談しましょう。

カーテンなどで直射日光を避ける

直射日光に当たり続けることは熱中症の原因になります。留守番中などは、飼い主さんが出かける前は日陰であっても、日中は直射日光が当たり続ける場合もあります。クレートを置く場所は直射日光が当たらない場所にしましょう。

また、犬が自分で快適だと思う場所に移動できるようにしてあげることも大切です。

犬に安全な環境づくりを

留守番中に開いているドアから移動して冷房の効いていない部屋に入り、そのまま閉じ込められてしまい熱中症になるケースがあります。また、認知症の高齢犬では、何時間も徘徊したり、狭いところに入って出られなくなってしまうことがあります。こうした行動が原因で熱中症になるケースも年々増えているので、犬が安全に過ごせる環境づくりを心がけましょう。

ふだんから犬の健康状態を把握する

犬の異変にいち早く気づくためには、平常時のコンディションを把握しておくことも重要です。何が平常かがわからないと、何が異常かもわかりません。大体で良いので、ふだんの心拍数（脈拍数）や呼吸数、体温の数値を覚えておけば、もしものときの判断材料になります。

犬の健康をチェックする

体温

いちばん正確で安定しているのは、肛門に体温計を入れて測る直腸温です。人間の体温計でも良いですが、犬用に1本買っておくと良いでしょう。短時間で測れる15秒計がオススメです。潤滑ゼリーなどですべりを良くしてあげると、スムーズに挿入できます。お尻で測るのが難しい場合は、耳で測る体温計もあります。

犬の平熱は、人間よりも少し高めの37・5～39℃。暑い日に体温が40℃を超える場合は、熱中症が疑われます。

心拍数（脈拍数）

脈は、後ろ足の付け根にある動脈から取ります。指を当てると、トクトクと脈を感じられるはず。興奮していると脈は早くなるので、犬が落ち着いているときに測るのがポイントです。10秒間の脈拍数を数え、6をかけた数値が1分間の心拍数です。

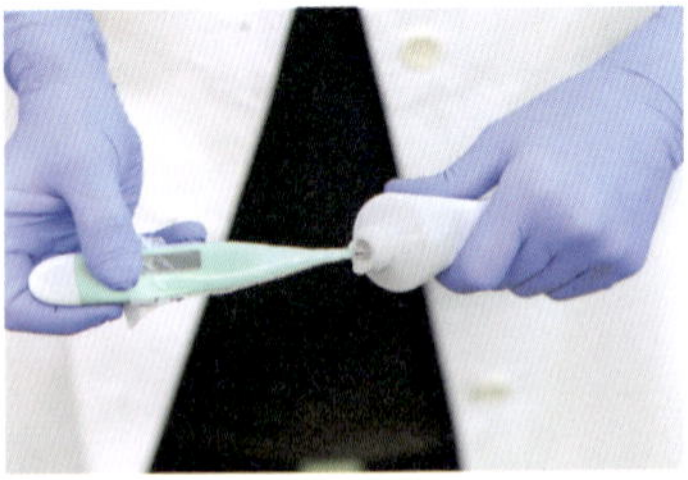

犬の正常な心拍数は1分あたり１００～１３０回。興奮時や運動後は増えることもありますが、１８０～２００回を超える場合は注意が必要です。

呼吸数

胸の動きで呼吸数を測ります。心拍数と同様に、落ち着いているときに測りましょう。こちらも10～15秒の呼吸数を数えて、6または4をかけて1分間の呼吸数を計算しましょう。ひとりが呼吸数を数えて、もうひとりが時間を計るとスムーズです。

呼吸数は1分あたり20回以下が一般的ですが、犬の気持ちや状況により上下するのと、個体差があるため、愛犬の平均を知っておくことが重要です。

CRT（毛細血管再充満時間）

歯茎を指で押すとピンク色から白色になります。通常であれば指を離せば1秒以内に再びピンク色に戻りますが、色の戻りが遅い場合は、心臓の病気などの循環障害が起きている可能性があります。歯みがきのときなど、ふだんの健康チェックに加えると良いでしょう。

お出かけ時の対策ポイント

遠くへ行くときだけでなく、ふだんのお散歩でも注意が必要です。

犬の体感温度は飼い主よりも高い

犬は人と比べて背が低いので、輻射熱の影響を強く受けます。飼い主さんが少し涼しくなったと感じても、地面の近くにいる犬にとっては暑い日も。散歩前には少ししゃがんで、愛犬が感じる気温を確かめましょう。

散歩は犬に合わせて無理をさせない

暑い季節の散歩は、早朝や夜など涼しい時間にするのがおすすめ。散歩中はこまめに休ませ、少しでも異変を感じたら風通しが良く涼しい場所に移動して体を冷やしましょう。呼吸の乱れなどが戻らないときには早めに動物病院へ。

こまめな水分補給を欠かさない

いつでも水分補給ができるよう、飲み水を持っていきましょう。また、外出前にも水分を摂らせる習慣をつけると良いでしょう。あまり水を飲みたがらない場合は、ヨーグルトやスープ状のフードなどを混ぜてあげるとよく飲むようになることも。プールや川など、水遊びをしているときには水分補給を忘れがちになるので注意しましょう。

冷却アイテムを利用しよう

保冷剤を入れて首や胸を冷やすタイプのものや、紫外線を防ぐウェア、風を送る携帯型扇風機や空調服など、さまざまな熱中症対策グッズが出ています。こうしたグッズでなくても、保冷剤を入れたタオルを首に巻くだけでも効果的。暑い日には保冷剤がすぐに溶けるので、替えを用意しておくと良いでしょう。

保冷剤を入れて着せるクールエプロンもおすすめ。

散歩コースは風通しが良く、日陰のある場所に

風通しの悪い場所は湿気や熱がこもりやすいため、散歩に行く場合は風通しの良い木陰のある公園や日陰のある場所へ。直射日光を浴びたアスファルトはとても熱くなっている場合があるので、アスファルトの上はあまり長時間歩かせないように注意しましょう。

屋外での長時間の係留はNG

長時間直射日光を浴び続けることは、熱中症の原因になります。たとえば梅雨の時期、久しぶりに良いお天気だったので散歩に連れていった後に庭につないでから洗車をしていたら、愛犬が熱中症になってしまった……なんてケースも。気温や湿度が高い日は、たとえ風通しが良い場所であっても外につないでおくのは控え、なるべく涼しい室内で過ごさせるようにしましょう。

短時間でも車内には置いていかない

エンジンを切ってエアコンの効いていない車内に犬を残すことは、短時間であっても危険です。車内は熱がこもりやすい環境なので、たとえ窓を開けていたとしても熱中症のリスクが高い場所です。気温が25℃を超えるような日は、少しの時間でも車内で留守番をさせることは避けましょう。

夏場のお出かけは標高が高くて涼しい場所へ

昨今のアウトドアブームの影響で、キャンプやバーベキューに愛犬を連れていく飼い主さんが増えています。しかし、基本的に屋外に居続けるアウトドアは、熱中症のリスクが高いイベントです。できれば暑い時期は避け、夏でも連れていきたい場合は標高が高くて涼しい場所を選びましょう。

休憩できるクールスポットを決めておく

いつもの散歩コースに1～2か所ほど、体を冷やせる「クールスポット」を確保しておきましょう。たとえば木陰のある公園や、犬と一緒に入れる空調の効いたお店やカフェ、水飲み場や冷えたタイルのある場所などがおすすめ。愛犬の様子を見ながら、こまめに休みをとってあげると良いでしょう。

愛犬のための栄養学

たくさんのフードが販売されていますが、どれを選べば良いのか迷ってしまう飼い主さんも多いのでは。愛犬が健康的に暮らすための食事について考えてみましょう。

基本的な考え方

まずはフードの選び方と与え方の基本をおさえましょう。

愛犬にとっての食事は、健康にも成長にも大きく影響する大切なものですが、「どのフードがベストなの?」と聞かれてもすぐに答えられる人は少ないでしょう。

というのも、何をもって「ベスト」と言うのかは飼い主さんやワンコによって異なるからです。原材料にこだわる飼い主さんもいれば、含まれている成分の効果やメーカーへのこだわりがある飼い主さんもいますし、何でも食べるワンコもいれば、食へのこだわりが強いワンコもいます。

ただ、フード選びにおいて、これだけは絶対に守ってほしいというポイントはあります。

- **主食は「総合栄養食」にする**
- **健康な場合はライフステージに合わせたフードを選ぶ**
- **療法食は獣医師の指導のもとで与える**

この3つはドッグフードを選ぶ際の絶対条件です。その上で、それぞれ飼い主さんの目的や求める機能、添加物の有無、原材料などから、最適なフードを選んでいくと良いでしょう。

フード選びのポイント

次に、絶対に守ってほしい3つのポイントを紹介します。

主食は「総合栄養食」にする

ペットフードは、その目的によって**「総合栄養食」「間食」「療法食」「その他の目的食」**に分類されます。

「総合栄養食」は、それと水だけで必要な栄養が摂れるよう設計されたフードで、AAFCO（全米飼料検査官協会）※の栄養基準を満たしているものです。「間食」や

「その他の目的食」は、基本的にはおやつやトッピングのために作られたもので、それだけを与え続けると栄養が偏ってしまいます。

フードを選ぶ際は、パッケージに「総合栄養食」と表記があるかどうかを確認しましょう。

※AAFCO（The Association of American Feed Control Officials、アフコ）：アメリカでペットフードや家畜の飼料の栄養基準を公表している非営利団体。日本のペットフードは基本的にこの団体の栄養基準に則っています。

ライフステージに合わせたフードを選ぶ

犬も人間と同じように、ライフステージによって必要な栄養素の配合割合やエネルギー量が異なります。AAFCOの栄養基準でも、幼犬用ではたんぱく質や脂質をはじめとした栄養素が成犬用よりも高く設計されています。

子犬に対して成犬用やシニア犬用のフードを与えると栄養が不足し、逆に成犬やシニア犬に子犬用のフードを与えると太ってしまいます。そのため、ライフステージに合わせたフードを選ぶことが大事なのです。

また、どの年齢にも使用できる「オールステージ」型のドッグフードも販売されていますが、これは子犬用の栄養基準を満たしたもの。体型を見ながら、太りすぎないよう量を調節する必要があります。

●**幼犬用**…急激な体の成長に対応するために、高栄養で消化が良いように設計されています。なお、大型犬は小型犬よりも成長期の栄養バランスが複雑なので、「大型犬の子犬用」と表記されているものを与えましょう。

●**成犬用**…健康な体を維持することが目的で、幼犬用よりもたんぱく質と脂肪が低めに設定されています。

●**シニア犬用**…代謝が落ち、運動量も減って太りやすくなるため、その多くがカロリーや脂肪が低めに設定されています。なおかつ、ビタミンやミネラル、食物繊維やオリゴ糖など、健康に配慮した成分が配合されています。

ライフステージごとのたんぱく質と脂肪の基準値の違い（AAFCO ／2016年版）

栄養素	幼犬用基準	成犬用基準
タンパク質	22.5％以上	18.0％以上
脂肪	8.5％以上	5.5％以上

※総合栄養食として最低限必要な栄養素の下限値です。健康を維持するための基準値ではありません。

フードの
切り替え時期には
個体差があります。
気になる場合は
獣医師に相談を

療法食は獣医師の指導のもとで与えよう

療法食は、病気の治療や予防のために特別に配合されたフードです。最近では量販店やペットショップ、ネット販売などで飼い主さんも気軽に手に入れることができますが、あくまで治療目的の食事なので、獣医師の指導のもとで与えてください。

「ダイエット目的のフードなら大丈夫だろう」と減量用の療法食を与え続け、尿石症を誘発してしまったというケースもあります。療法食という名前から、ほかのフードよりも健康に良さそうだと感じる人もいるようですが、逆に健康を害してしまうこともあるのです。飼い主さんの自己判断で与えたり、中止したり、変更するのはNGです。

フードの選び方

フードを選ぶときに
知っておきたいポイントを
伝授します。

パッケージやラベルの見方

①	名称と目的	●●フード (成犬用総合栄養食)
②	原産国名	日本
	内容量	3kg
③	原材料名	牛肉、卵、ブロッコリー、にんじん、りんご、米麹、フィッシュオイル、米油、ミネラル類（カルシウム、リン、カリウム、ナトリウム、マグネシウム、鉄、銅、亜鉛）、ビタミン類（A、D、E、B1、B2、B6、B12、コリン、葉酸、パントテン酸）、酸化防止剤（ミックストコフェロール、ローズマリー抽出物）
④	保証分析値	粗たんぱく質　●●%以上、粗脂肪　●●%以上、粗繊維　●●%以下、粗灰分　●●%以下、水分　●●%以下、代謝エネルギー　●● kcal/100g
	製造業者	（株）●●フーズ 〒●▲×ー■■■■ 東京都●●区●●町 1-1-1
⑤	賞味期限	裏面下部に記載

①名称と目的

主食には「総合栄養食」とあるものを選びましょう。「子犬用」「成犬用」などの表示が、ここに記載されていることもあります。

②原産国名

「原産国」は最終〝加工〟工程を完了した国のこと。ラベルを貼る、パッケージに詰めるなどの工程ではなく、加熱調理などの〝加工〟を施した国が表記されます。「原材料の生産地＝原産国名」ではありません。なお、「国産」は原産国が日本のものを指します。

③原材料名

原則として、使用したすべての原材料が多い順に記載されています。※

犬の食性は肉食寄りの雑食な

ので、たんぱく質は重要な栄養素。たんぱく質には動物性と植物性がありますが、動物性のほうが消化に良いため、原材料の2番目くらいまでに動物性たんぱく質が記載されているフードが高品質と考えられます。

添加物は「用途名（添加物名）」と表記されているので、気になる人は確認しましょう。例えば、「酸化防止剤（ミックストコフェロール）」のように表記されます。またアレルギー持ちの場合は、アレルギー物質が含まれていないかも確認しましょう。

※後述の公正競争規約では、添加物以外の原材料を記載する順番は「原材料に占める重量の割合の多い順に記載すること」というルールが定められています。よって、公正競争規約を守る必要がない場合は、多い順に書かれているとは限りません。

④保証分析値または成分

日本では、粗たんぱく質、粗脂肪、粗繊維、粗灰分、水分の5つの表示が「ペットフードの表示に関する公正競争規約・同施行規則」※で義務付けられており、粗たんぱく質と粗脂肪は「○○%以上」、粗繊維、粗灰分、水分は「○○%以下」と表記されます。ほとんどのドッグフードでは、これに加えて代謝エネルギーが記載されています。なお、海外製の製品では粗灰分の表示がないものもあります。

※ペットフード公正取引協議会が消費者庁と公正取引委員会の承認のもとで作成している自主基準で、加入事業者に対して適用されます。なお「ペットフード安全法」では、成分表示は義務付けられていません。

⑤賞味期限

指示された保存状態で置かれた場合の、〝未開封〟の製品の品質を保証する期限のこと。劣化したフードにより健康を害することもあるため、期限内に使い切れるものを購入しましょう。

フードの種類の違い

ドッグフードは、水分がどのくらい含まれているかで、ドライ、ウェット、セミモイスト・セミドライに分類されます。また、最近ではフレッシュペットフードという、市販の手作り食も販売されています。それぞれに特徴があるため、どれが良いとは一概には言えませんが、「水分を積極的に摂らせたい」、「歯周病などで食べにくそう」、「加齢や病気で食欲が落ちてきた」などの場合は、ウェットやフレッシュペットフードがおすすめです。

「病気になったときに療法食へスムーズに移行できないと大変なので、嗜好性の高いフードなどであまりグルメにしないほうが良い」という意見もあります。しかし、最近ではフレッシュペットフードにも療法食対応のものが増えてきていますし、嗜好性の高いフードを与えていたワンコのすべてが療法食を食べないわけではありません。飼い主さんとワンコが楽しい食事時間を過ごせるようなフードを選ぶと良いでしょう。

無添加＝添加物ゼロではない

近年、無添加を売りにしているドッグフードも増えてきましたが、じつは「無添加」を名乗る厳格なルールはないため、無添加の定義はメーカーにより異なります。

添加物には入れることが必要なものもあるため、一概に「添加物＝悪」とは言い切れません。たとえば、長期保存には保存料や酸化防止剤が必要ですし、足りない栄養素を補うためにビタミンやミネラルを添加することがあります。一方で、甘味料や香料、合成着色剤などは、入っていなくてもいい添加物と考えられます。これらが入っているからといって必ずしも悪影響が出るわけではありませんが、個体によってはこれらの添加物で健康被害が報告されています。無添加のフードを求める飼い主さんは、どの添加物が含まれていないかをしっかり確認しましょう。

フードは保存も重要

動物は意外とお腹が弱いので、古いフードを食べさせるとお腹を壊してしまったり、肝臓などにダメージが及ぶことも。

賞味期限はあくまで「未開封」の場合の期限です。ドライタイプやセミドライ・セミモイストタイプなら開封後1か月以内、ウェットタイプなら冷蔵保存で2〜3日以内に使い切れる量を購入しましょう。

表　ペットフードの区分

ドライ	・水分量3～11%のもの ・袋に入れて売られているものが多い ・場所を選ばず長期間の保存が可能（※開封前） ・消化が良く、低価格なものが多い ・グラムあたりのカロリーが高いため、 与えすぎると太りやすい ・嗜好性はウェットや フレッシュペットフードのほうが高い
ウェット	・水分量80%程度のもの ・缶詰やパウチで販売されている ・嗜好性が高く、食事から水分が摂れる ・密閉後に高温で煮沸消毒されているため、 添加物は少なめ ・開封前であれば常温で保存できるが、 開封後は要冷蔵 ・やや高価なことが多い
セミモイスト セミドライ	・水分量25～35%のもの ・ドライとウェットの中間の性質を持つ ・水分が多く酸素にふれやすいため、 ほかのものよりも添加物がやや多め ・セミモイストとセミドライの違いは、加工工程のみ
フレッシュ ペットフード	・水分量70%程度のもの ・市販の手作り食 ・冷凍パウチでの販売が多い ・嗜好性が高く、製造工程や原材料がはっきりしているものが多い ・不必要な添加物は一切使っていない ・保存のために冷凍庫にスペースが必要 ・与える際に温めるなどの手間がかかる ・比較的高価なことが多い

〈フードのQ&A〉

多くの飼い主さんが持つ疑問を、Q&A形式で解説します。

■ ドッグフードは混ぜても良いのでしょうか？

総合栄養食同士であれば、栄養バランスの面では混ぜても問題ありません。どのくらいの比率で混ぜるのか、量はどのくらいが適正なのかは、食いつきや体型などから判断していきましょう。ただし、病気の治療を目的として特別に配合された療法食は、原則それのみで与えてください。

ただし、基本的には総合栄養食同士であれば混ぜても良いのですが、AAFCOの栄養基準には上限値が定められていないものもあるので、部分的な栄養素が過剰になる場合があります。そのため、定期検診を忘れないことも大切です。

■ パッケージに書いてある量を与えておけば大丈夫でしょうか？

パッケージにある給与量の目安は、犬の体重や活動量などから1日に必要なエネルギー量を計算したものです。このため、基本的にはパッケージにある目安量を与えれば良いのですが、犬も人間と同じように個体差があり、運動量や基礎代謝量が同じでも、同じ量を食べて太る子もいれば痩せる子もいます。このため、目安量を与えつつ、体型に注意しながら食事量を調整すると良いでしょう。

■ 給与量が合っているかは どうやって判断すれば良いでしょうか？

犬の体型から確認してください。フードの量が適切か否かの判断に役立つのが「ボディコンディションスコア（BCS）」です。BCS は脂肪の付き具合を判定するもの。4 以上なら食事を減らし、2 以下なら量を増やしてあげると良いでしょう。ただし、これも犬種や個体により差があるため、心配な場合は定期的に動物病院で体型をチェックしてもらいましょう。

1 痩せ		肋骨・腰椎・骨盤が外から容易に見える。さわっても脂肪がわからない。腰のくびれと腹部のつり上がりが顕著。
2 やや痩せ		肋骨が容易にさわれる。上から見ると腰のくびれは顕著で、腹部のつり上がりも明瞭。
3 理想体重		過剰な脂肪の沈着なしに肋骨がさわれる。上から見て肋骨の後ろに腰のくびれが見られる。横から見て腹部のつり上がりが見られる。
4 やや肥満		脂肪の沈着はやや多いが肋骨はさわれる。上から見て腰のくびれは見られるが、顕著ではない。腹部のつり上がりはやや見られる。
5 肥満		厚い脂肪におおわれて肋骨が容易にさわれない。腰椎や尾根部にも脂肪が沈着。腰のくびれはないか、ほとんど見られない。腹部のつり上がりはむしろ垂れ下がっている。

手作り食はやっぱり難しいですか？

飼い主さんが愛犬のために作る手作り食は、材料から選べますし、自宅で作るためできあがりまでが明確なので安心ですよね。しかし、完全な手作りでは栄養バランスをとるのがとても難しいので、主食として与える場合はやはり市販のフードをおすすめします。

手作りの何かを与えたい場合は、総合栄養食に手作りのトッピングをするか、手作りのおやつを与えるか、市販のフレッシュペットフードを利用すると良いでしょう。

トッピングをするときの注意点はありますか？

フードにおやつをトッピングする場合は、いつもの食事を10%ほど減量することをお忘れなく。多すぎると栄養バランスが崩れてしまったり、トッピングしか食べなくなることも。療法食の場合は、あくまで療法食を食べてもらうことを目的に少量をトッピングして、最終的にはトッピングなしで食べてもらいましょう。

また、野菜を食べさせたい飼い主さんも増えていますが、フードには野菜の成分も含まれているため、基本的には与える必要はありません。食べさせたい場合は犬に危険のない野菜を与えましょう。

ほうれん草や小松菜、ブロッコリーなどの緑色の野菜には、尿石症の原因にもなるシュウ酸が多く含まれています。シュウ酸は3分以上茹でることで茹で汁に溶け出すので、与える際は3分以上茹でてから。電子レンジの加熱ではシュウ酸の量は減らせません。

Part6

シニア期のケア

犬の長寿化に伴い、今や15歳以上のダックスも
珍しくありません。シニア犬のケアや介護についての
情報や知識が必要になってきています。

シニアにさしかかったら

愛犬の変化に気づく方法や日々の心がけなど、
今日からの生活に取り入れてみてください。

目

白内障《はくないしょう》や進行性網膜萎縮症などにかかりやすく、視力が低下すると急に体の運動量が減ることも。目が白くならなくても視力を失う病気があるので、7歳以上になったら定期的に眼科検診を受けましょう。

心臓

シニアの小型犬には弁膜症《べんまくしょう》など心臓の病気が多く見られますが、とくにダックスは興奮しやすい犬が多いので心配です。しつけで「マテ」などクールダウンするコマンドを教えておきましょう。

生殖器

もともとオスは会陰《えいん》ヘルニア、メスは子宮蓄膿症にかかりやすく、加齢とともに発症率がさらに上がります。若く元気なうちに不妊・去勢手術を受けておくと予防できます。

シニア期の要注意ポイント

口

口が小さい上に奥行きがあるので口腔内のケアがしにくく、歯垢や歯石がたまって歯周病になりやすい傾向が。若いうちから歯みがきの習慣をつけ、口の中をチェックしましょう。よだれが多かったり腐敗臭があるときは、歯周病だけでなく口腔内腫瘍の可能性も。定期的に動物病院を受診するのもおすすめです。

内分泌系

クッシング症候群など、ホルモンの分泌の異常が原因の病気の発症率が高くなります。脱毛や多飲多尿などのサインが見られたら、念のため動物病院へ。

消化器系

消化を担う内臓が弱って不調が起きます。また、消化不良でお腹を壊すことも。ダックスは、とくに胃腸炎やすい炎になりやすい傾向があるので注意。徐々に食べる量が減ったり、急に食欲が落ちたら消化器系の病気の可能性も。便の状態にも注意し、早めに獣医師へ相談を。

健康キープのポイント

自宅でできるケアのポイントを伝授します。若いうちから実践してもOKです。

お手入れで清潔に

定期的なシャンプーやブラッシングは皮膚と被毛を清潔な状態に保ち、皮膚トラブルの予防に役立ちます。トリミングサロンにお願いしてもいいですが、高齢になると長時間サロンに預けられるのは犬にとって負担になることも。P52～を参考に、自宅でもできるようにしておくと安心です。

また歯周病を防ぐには、毎日の歯みがきが不可欠。口の周りをさわられるのをどうしても嫌がる犬は、食後に水を飲ませるなどの工夫を。また、目・口・肛門の周りは汚れやすいのでこまめにふいてあげましょう。

どのお手入れも、子犬のころから愛犬の体にさわって慣らしておくことが重要。成犬になってからでも徐々に慣れさせることはできるので、ドッグトレーナーに相談してみましょう。

愛犬は10年以上をともに歩む大切な存在。衝動的に飼い始めるのではなく、じっくり考えることが重要です。

POINT

- シャンプーやブラッシングを自宅でもできるように
- 歯みがき（口内ケア）は必須
- 体をさわられるのに慣らす

食事で健康管理

年齢とともに消化や栄養吸収の機能が衰えるのは、犬も人間も同じです。「シニア用」とされているフードはそういう変化に対応しているので、シニア期になったら切り替えたほうが良いでしょう。急に変えると犬が戸惑うので、もともと食べていたフードに少しずつ混ぜて徐々に比率を増やしていくのがおすすめです。

食事だけでは足りない栄養素は、サプリメントで補います。動物病院を受診して「どの栄養素が不足しているか」を確認し、必要なものだけを与えるようにしましょう。手作り食もトッピング程度の少量なら問題ありませんが、栄養バランスを取るのが難しいので注意してください。「何を食べさせるか」以外に、愛犬の食欲をチェックするのも大事です。それまで食いしん坊だった犬が突然食べなくなったときは何らかのトラブルを抱えているかもしれません。また、水を飲む動作を観察することも大切です。飲んでいるようでも、器の周りにこぼして必要量を飲めていないこともあるからです。定期的な健診をして、健康状態をチェックするのをおすすめします。

食事量だけでなく、飲む水の量の増減も病気のサインの可能性があります。

食欲が落ちた犬には、フードやおやつを隠してゲーム感覚で探させるのもおすすめ。狩猟欲が刺激されて食べてくれることがあります。

POINT

- 徐々にシニア用フードに切り替える
- サプリメントで足りない栄養を補う
- 食欲や食への興味を観察して健康チェック

運動で筋肉をキープ

骨や関節に問題がなければ、シニアになっても適度な運動をさせたほうが良いでしょう。運動といっても、散歩やオモチャで遊ぶだけではありません。「オスワリ」、「マテ」などのコマンドをその場で繰り返すだけでも十分です。

なかにはシニアになっても若いころと同じ感覚で走り回る犬もいるかもしれませんが、運動能力や感覚は確実に落ちています。ケガをしないよう注意深く見守り、頃合いを見て落ち着かせましょう。

椎間板ヘルニア（P76～）など、骨・関節系の持病があり激しい運動をさせられない犬には、マッサージがおすすめ。足をもんだり折り曲げるだけでも筋肉への刺激になり、衰えを防げます。P65～も参考にチャレンジしてみてください。

オモチャで遊ぶときは、興奮しすぎてケガをしないよう気をつけてください。

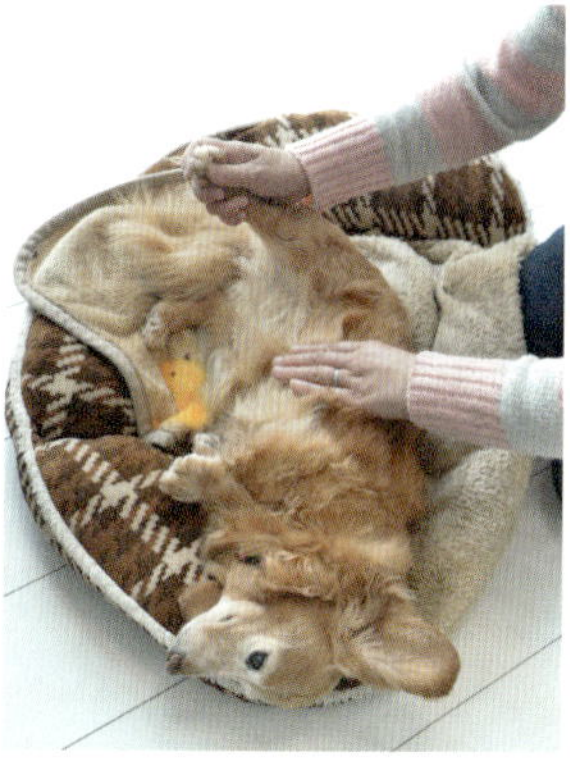

マッサージでは筋肉を刺激するほか、足先など末端の血行を促進できます。

POINT

- 犬の負担にならない適度な運動を
- 激しい運動ができない犬にはマッサージ

生活環境と接し方を見直す

健康管理に気をつけていても、年齢とともに愛犬の運動能力や筋力は低下し、感覚（聴力、視力）や嚥下力なども衰えていきます。トイレまで歩けなかったり、これまでできたことができなくなるものです。家具の配置を見直すなどして、愛犬がストレスなく動きやすいように工夫しましょう。家具と壁のすき間にはまってしまって出られなくなるときや、目的もなく歩き回るときには、円形サークルなどを使って行動範囲を制限するのも良いでしょう。

体が動かしづらくなると部屋の隅でじっとしていることが増えますが、そのまま放っておくと寝たきりになってしまうかもしれません。飼い主さんとコミュニケーションを取ることが犬にとって心と体両方への刺激になるので、抱っこして外へ散歩に連れ出したり、コマンドをおさらいしてみてください。

目が見えにくくなると、家具や壁に体をくっつけて位置を確認することがあります。危険なものは置かないようにしましょう。家具やトイレ、水飲み場や食事の器の場所は感覚やニオイで覚えているものです。配置は変えないようにしましょう。

シニアでもわかりやすいよう、トイレは広めに。周りにもトイレシートを敷いて、はみ出してもいいように工夫できます。

POINT

- トイレや家具の配置は愛犬の状態に合わせる
- コミュニケーションを通じて刺激を与える

ダックスコラム
2

介護の心がまえ

人間と同じように、犬もこれから介護の必要性が
高まっていくはずです。
早いうちから考えておきましょう。

歩行困難、トイレの失敗、無駄吠えの増加などが見られたら、介護スタートのサインとなります。愛犬の介護を経験した飼い主さんへのアンケートでも、「トイレの世話と歩行補助がいちばん大変」との結果が出ています。

介護はいったん必要になると毎日続けなければならず、飼い主さんは生活ペースが乱されるので大変です。しかしいちばん困っていたり、ストレスを感じているのは犬自身。家族の一員になった日から、愛犬にはたくさんの愛情や思い出をもらってきたのですから、感謝の気持ちを込めてできる範囲で最高のケアをしてあげたいものです。犬は飼い主さんのイライラ（負の感情）を敏感に察知して傷つくこともあるので、ひとりに負担がかかりすぎないよう、家族みんなで協力・分担して行いましょう。

また、何事も「備えあれば憂いなし」と言うように、介護生活に向けて若いうちからできることを実践してください。まずは、栄養バランスの良い食事で基礎的な体力・生命力を高めて、運動もしっかりして筋力をつけておくこと。いざ介護が必要となったときに世話しやすいよう、日ごろから信頼関係を築き上げておくことも大事です。抱っこやブラッシング、爪切り、歯みがきなども、若いうちから愛犬がすんなり受け入れられるようにしておくといいですね。

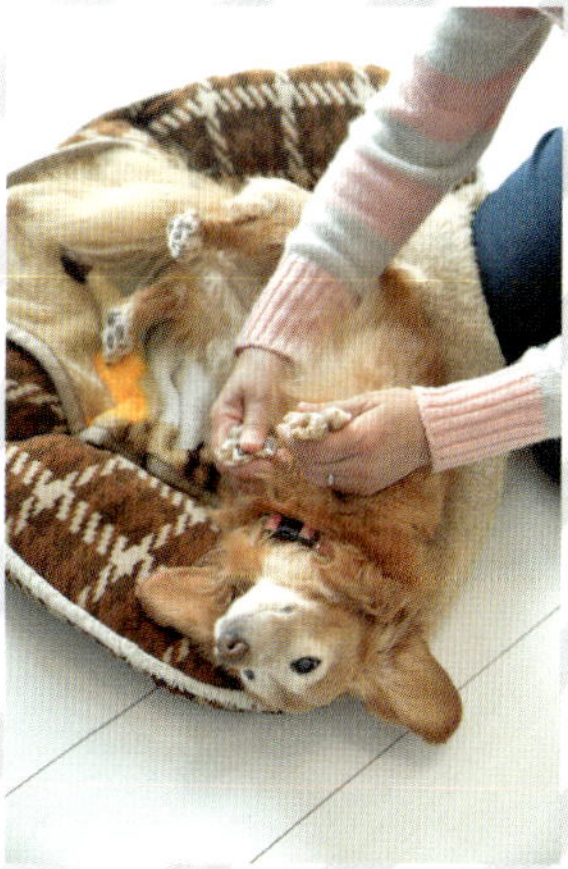

介護はがんばりすぎないことも大事。手助けを頼める人がいたらお願いしましょう。

ダックスとのしあわせな暮らし

知っておきたい

+αのコツ

安心で快適な部屋の作り方

小型犬の飼い主さんによくあるお悩みのひとつが、「家の中でも愛犬の安心・安全を守るためにはどうすればいいか」。ダックスと暮らすのに最適な部屋づくりのポイントを解説します。

ケージの活用

愛犬のためにも、ケージの中は「安全な場所」だと認識してもらいましょう。

犬をケージに入れるというと、「かわいいわが子を閉じ込めるなんてかわいそう！」という拒否反応を示す飼い主さんもいるかもしれません。しかし、犬を入れっぱなしにせず、必要なときだけ中にいてもらうようにすれば、ケージはかわいそうな「隔離場所」ではなく、非常に有用で安全な「犬のおうち」になるのです。

　小型犬は室内のさまざまなものに紛れて、飼い主さんの視界から隠れてしまいがち。とはいえ、動きがすばやいダックスに対し、つねに目を離さずにいるのは不可能です。

　そこで、飼い主さんが掃除などの作業をするために愛犬から目を離す場合にはケージに入れ、作業が終わったら出す、をこまめに繰り返すようにしましょう。段階を踏んでケージに慣らし、水やトイレシート、ベッドなどをセットして居心地良く整えてあげれば、ケージは安心できる隠れ場所となります。当然、そこで過ごすことを愛犬自身もストレスに感じません。もちろん、狭い場所に長時間閉じ込めることは、犬の心身の健康のために良くないので、「こまめに犬を出し入れする」「必要なときだけ入ってもらう」ようにするのがコツです。

　とくに、小さい子どもや赤ちゃんがいる家庭、留守にしがちな家庭では、ケージは必須といえます。子どもは大人が予想もしない行動をとるので、愛犬だけでなく子どもの安全のためにも、大人が目を離すときには愛犬と子どもの居場所を分けておくほうが安心だからです。家に人がいない時間が長い家庭では、ケージが地震などの「もしものとき」の備えになります。日本のように地震が多い国では、いつどこで大地震に見舞われるかわかりません。物が飛び交い、家具が倒れるような状況で、愛犬が1頭でお留守番していたら……？　頑丈な屋根のあるケージの中にいてくれたほうが安心できるのでないでしょうか。

ケージを使う際に大事なのが、大きさ、形、設置場所です。大きさは、中にトイレシートや水飲み器、ベッドがセットでき、しかも犬が十分に動けるスペースが必要です。形は、いざというときの避難場所にするために、また、後から述べる収納の点からも、屋根のあるボックス形のものがおすすめ。設置場所は、窓のそばや人通りの多い場所を避けること。リビングの窓辺にケージがあると、愛犬に屋外の暑さ寒さがダイレクトに伝わってしまいますし、人通りが多いと落ち着くことができません。

窓は人がよく目をやる場所なので、窓際にケージを置くのはおすすめしません。来客のあるリビングに置くなら、人の視線があまり向かない場所に。

つねに床はすっきりと

床に物が多すぎると、さまざまな問題が出てくるのです。

愛犬の安全を守るためにもうひとつ大切なのが、「床に物を置かない」ということです。床にいろいろなものが置いてあると犬が紛れてしまって危険、というだけではありません。犬や人が物にぶつかる、置いてある物に犬がマーキングする、さらには誤飲の危険性があるからです。

犬のいるご家庭に行くと、フードや水の容器、トイレシートなどを床に出しっぱなしにしていることがよくあります。これはあまりおすすめできません。というのも、トイレシートの中には吸水ゼリーが入っているため、犬がイタズラしているうちに、シーツを食い破ってゼリーを食べてしまい、お腹の中で膨張する危険性があるからです。水の容器に人がつまずいてこぼす、子どもが犬のフードを口にする、といった例もあります。愛犬用の食器類やトイレシートは出しっ放しにせず、使うときだけ出して、使い終わったらすぐ片付ける、を基本にしてください。

床に物があると、掃除がしづらく、おっくうになるのも問題です。小型犬にはアレルギーのある子が多いので、床にこぼれた人の食べ物を拾い食いしてお腹を壊すことがあります。ごちゃごちゃした床では、針や輪ゴムなど、飲み込んだら危険な物が落ちていても気づかないでしょう。粗相をしたりマーキングしたりしたときも、何もない床ならさっと掃除できますが、物が多いとそうもいかないため、不衛生です。

さらに、家のなかで遊ぶときも、床に物があると思う存分走れないし、勢いよく突進して何かに激突する可能性もあります。小型の家具の多用にも問題点があります。犬が家具の段差を使ってダイニングテーブルなどに上がり、チョコレートなど犬にとって有害な食べ物を口にする危険性があるからです。

こうしたことから、犬がいつもいる部屋の物は、なるべくクローゼットなど犬が届かない場所に収納するようにしてください。人が使うものも、使うたびに出し、使ったらしまう、を家族全員が徹底します。「リビングのクローゼットはすでにいっぱい」というご家庭もありますが、リビングでは使わない物が詰まっていることもよくあるのです。リビング収納に入れるのはリビングで日常的に使う物だけに限定し、私物は自室で管理しましょう。

犬が足を滑らせて股関節を傷めないよう、床に絨毯やマットを敷くことがあります。その場合、毛色が目立つ色の絨毯を敷くと、犬のいる場所がわかりやすいでしょう。ジョイントマットなど、汚れた部分だけ取り外して洗えるタイプがベストです。

犬用グッズはまとめる

必要な物をすぐ取り出せるように、1か所にまとめるのがおすすめ。

前述の通り、フードの容器でもトイレシートでもオモチャでも、犬の生活に必要なものは必要なときだけ出す、というのが鉄則です。でも、それらがいろいろな場所にバラバラにあると、必要なときにさっと取り出すことができません。すると「モタモタしているあいだに粗相をされてしまった」「遠くにあるから面倒でなかなか片付ける気にならない」といった困った事態が起きやすくなるのです。

こういうときにも、ボックス型のケージがあると非常に重宝します。なぜならケージの屋根の上が、犬グッズ置き場として活用できるからです。

ケージの上には、それなりに広いスペースがあります。ここに、フードや水の容器、トイレシート、使用後のトイレシートを密封するためのビニール袋、消臭剤、ブラシ、爪切り、オモチャなど、愛犬用のグッズを一式そろえておくのです。ケージの隣には、ニオイがもれないフタ付きのごみ箱もセットしましょう。

この「収納を1か所にまとめる」ことを意識するだけで、必要なときに必要なものがすぐ取り出せるようになり、部屋の中が格段に片付くようになります。それだけではなく、家族全員がどこにペット用品があるかわかるため、「○○がどこにあるかわからないから、お母さんやってよ」といった、愛犬のお世話の負担がひとりに偏る状況も防げます。つまり、家族みんなで、快適に犬のケアができるようになるのです。

注意したいのはフードの保管場所。フードはニオイがするので、食いしん坊の犬が手を出そうとします。犬の背が届くようなところ、飛び乗れるようなところには絶対に置かないでください。また、ケージの上だけで愛犬のグッズを収納しきれない場合は、収納家具を購入することになります。これもやはりケージのそばに置いて「まとめる」ほうが使いやすいでしょう。

犬用の収納家具は、犬がかじりやすい木や籐などの天然素材は避けたほうが無難です。頻繁に使う物をフタ付きのボックスに入れると出しにくくなるので、オープンな棚にはすぐ使うためのトイレシート数枚と消臭剤、扉付きの棚にはストックのトイレシートなど、それぞれの置き場所もよく考えて配置してください。

押し入れを改造して犬の収納ケージを作った例。ここに犬グッズのほぼすべてを収納しています。棚の奥にはトイレシートのストックや洗い替え用のベッドが、手前にはよく使うフードや水の容器がセットされています。

部屋ごとに工夫する

部屋の用途に合わせて、
暮らしやすいように
工夫してみましょう。

これまでは、犬がいることが多いリビングについて述べてきましたが、最後に部屋ごとの部屋づくりポイントについても、簡単にふれます。

犬にとって、家じゅうでいちばん危険なのがキッチンです。火や刃物を使うだけでなく、盗み食いや拾い食いをすることで健康を害する可能性もあるからです。反対に、犬が足下で動いていると、人がつまずいて、やけどをしたり、料理を落下させたりする危険性もあります。

そこで、できればキッチンの入り口にはペット用のガードを設置し、キッチンには犬を入れないようにすると良いでしょう。オープンキッチンでそれが難しい場合は、調理中だけ愛犬をケージに入れておくほうが安全です。また、犬は台所マットや玄関マットにイタズラや粗相をしてしまうことも。不要なマットは撤去し、どうしても必要な場合には、犬が好まない硬い材質の物や、簡単に洗える物を選んでください。

「愛犬用のグッズはケージの周りにまとめて収納する」と述べましたが、外で使うお散歩グッズだけは別です。リードや首輪などのお散歩グッズは、玄関にまとめて収納しましょう。外で使うアイテムをリビングに持ち込むのは衛生面が気になりますし、収納場所を分散させることで、リビングに物が溢れるのを多少は予防できます。愛犬の服が多い人は、お出かけ用の服だけは玄関付近に収納する、という方法もあります。

ケージはリビングに置くご家庭が多いですが、階段下などのデッドスペースを活用するのもひとつです。寝室や洗面所にケージを置くご家庭もあります。要は、犬が落ち着ける居心地の良い場所で、家族が不便でない場所ならいいわけです。ぜひ各家庭の事情や使い勝手に合わせて、ケージや収納家具の置き場所を工夫してみてください。

下駄箱の扉の裏にフックなどを取り付け、リードや首輪を吊るして収納するとすっきりしまえます。

部屋づくりのまとめ

- 犬を守るためにも、小型犬にはケージを活用する
- 床にものを置かないように、使ったらしまう、を徹底する
- 犬グッズは1か所にまとめておくほうが使いやすい
- キッチンにはなるべく犬を入れないようにする
- 基本を応用し、各家庭の事情や使い勝手に合わせて置き場所などを工夫する

【監修・執筆・指導】

PART 1

神里 洋…P8～17

PART 2

大野由美子（TECKEL YUMI）…P20～27

PART 3

MIKI（Dog Index）…P34～38
倉岡麻子（inudog NAGURI）…P39～41
須﨑 大（DOGSHIP合同会社）…P42～46

PART 4

高日大照（grooming salon dogold）…P48～50
安田咲喜（ペットサロンデイジー）…P51～58
藤田桂一（フジタ動物病院）…P59～64
石野 孝（かまくらげんき動物病院）…P65～74

PART 5

相川 武（相川動物医療センター）…P76～84
由本雅哉（ふしみ大手筋動物病院）…P85～88
加藤理沙（麻布十番犬猫クリニック）…P89～95
弓削田直子（Pet Clinic アニホス）…P96～102
佐藤貴紀（The vet 南麻布動物病院）…P103～112

PART 6

内田恵子…P114～118

+α

三ツ井さくら（一般社団法人職場環境プランニング協会）…P120～125

0歳からシニアまで ダックスフンドとのしあわせな暮らし方

Midori Shobo Co.,Ltd

2024年9月10日　第1刷発行©

編　者　Wan編集部

発行者　森田浩平

発行所　株式会社緑書房

〒103-0004
東京都中央区東日本橋3丁目4番14号
TEL 03-6833-0560
https://www.midorishobo.co.jp

印刷所　シナノグラフィックス

落丁・乱丁本は弊社送料負担にてお取り替えいたします。
ISBN978-4-89531-992-8
Printed in Japan

編集　鈴木日南子、池田俊之
編集協力　臼井京音、柴山淑子、高梨奈々、野口久美子
カバー写真　蜂巣文香
本文写真　岩﨑 昌、蜂巣文香、藤田りか子
カバー・本文デザイン　リリーフ・システムズ
イラスト　ヨギトモコ